三江源典型云系
飞机微物理观测研究

主　编：王黎俊
副主编：康晓燕　韩辉邦

气象出版社
China Meteorological Press

内 容 简 介

本书利用三江源地区飞机观测资料，在进行质量控制的基础上，通过对该地区典型降水云系微物理结构特征、云粒子相态和粒子谱分布以及飞机播撒催化剂水平输送的分析，系统研究了三江源地区典型云系的微物理特性、云粒子增长机制和云催化的微物理响应，为该地区人工增雨定量化科学指标的判定和效果检验提供了微物理依据。

本书主要面向从事云降水物理研究和人工影响天气业务的工作者，对了解青藏高原云微物理状况、开展人工影响天气观测试验研究和业务技术研发有一定的参考价值。

图书在版编目（CIP）数据

三江源典型云系飞机微物理观测研究 / 王黎俊主编
. -- 北京 ： 气象出版社, 2024.5
ISBN 978-7-5029-8180-8

Ⅰ. ①三… Ⅱ. ①王… Ⅲ. ①人工降水－研究－青海
Ⅳ. ①P481

中国国家版本馆 CIP 数据核字(2024)第 077518 号

三江源典型云系飞机微物理观测研究

Sanjiangyuan Dianxing Yunxi Feiji Weiwuli Guance Yanjiu

出版发行：气象出版社
地　　址：北京市海淀区中关村南大街 46 号　　**邮政编码：**100081
电　　话：010-68407112(总编室)　010-68408042(发行部)
网　　址：http://www.qxcbs.com　　**E-mail：**qxcbs@cma.gov.cn
责任编辑：王　迪　　**终　　审：**张　斌
责任校对：张硕杰　　**责任技编：**赵相宁
封面设计：艺点设计
印　　刷：北京建宏印刷有限公司
开　　本：787 mm×1092 mm　1/16　　**印　　张：**5.5
字　　数：140 千字
版　　次：2024 年 5 月第 1 版　　**印　　次：**2024 年 5 月第 1 次印刷
定　　价：60.00 元

《三江源典型云系飞机微物理观测研究》
编委会

主　　编： 王黎俊

副 主 编： 康晓燕　韩辉邦

编写成员： 张博越　王启花　郭世钰　侯永慧
张玉欣　张莉燕　安　琳　刘蓉娜
山成森

前　言

三江源地区是目前中国面积最大的自然保护区，地处青海省南部、青藏高原腹地，因长江、黄河及澜沧江发源于此而得名。三江源地区是生态环境脆弱的典型区域，也是中国乃至东亚地区重要的水资源保护区，素有“中华水塔”之称。因特殊的地理位置、区域性涵养水源的重要功能以及对整个流域生态环境的直接影响，使其成为生态建设的战略要地，也是国际学术界瞩目的研究气候和生态环境变化的敏感区和脆弱带。

为增加三江源地区的降水量、缓解黄河来水量不足及改善生态环境，青海省气象部门自1997年开始在该地区实施人工增雨作业。2003—2004年，为进一步提高对该地区云系微物理特征的认识和开展人工增雨试验研究，在三江源地区首次联合开展较大规模的飞机综合观测试验，取得了多架次冷锋降水云系的垂直分层探测资料，资料极为宝贵。2010年后，装备新型机载云微物理观测系统的人工增雨飞机在该地区陆续开展了飞行探测。近年来，装备先进机载云微物理观测系统的高性能人工影响天气飞机正式投入业务运行。

在三江源地区频繁出现的冷锋降水云系是开展三江源飞机人工增雨作业的主要目标云系。在全球气候变暖的背景下，青藏高原暖湿化趋势明显，且受地理位置和气候特征等影响，青藏高原地区云系结构及物理特征与平原地区存在很大的差异。目前，我们对该地区云系微物理结构及其演变规律的认识还很有限，同时对层状云催化的微物理效果检验方面仍然不足，满足不了生态修复型飞机人工增雨业务发展的需求。为对三江源地区飞机作业的主要目标云系宏观、微观物理特征进行深入的观测分析研究，并为催化效果的验证提供一定的微物理证据，特编写出版本书。

本书共分7章，第1章由王黎俊、康晓燕编写，阐述研究三江源地区冷锋云系微物理特征和催化响应的目的和意义，并对国内外冷锋云系飞机观测研究和催化的微物理效果检验方面的研究进行了系统回顾，进而提出本书研究问题，对研究内容进行简要的介绍。第2章由王黎俊、韩辉邦编写，对研究所用的观测试验仪器和资料情况进行简要介绍，并主要通过机载云粒子测量系统各探头的误差分析和数据处理，对研究所用的资料的可靠性进行了质量控制。同时，确定了该地区进入云区的阈值。第3章由王黎俊、康晓燕编写，主要利用试验期间进行飞机分层巡回探测的机载云粒子测量粒子测量系统资料，分析三江源地区秋季典型多层层状云系在各云层高度层的云粒子浓度、尺度和含水量的垂直分布和水平分布特征，并与中国北方其他地区相同或类似云层的观测结果比较，以研究其地区特性。对该地区秋季多层层状云系中各云层的水平微物理特性进行分析，并提出新的综合判断方法，判别不同云层云粒子的相态。同时，结合各高度层云粒子的平均谱分布变化探讨云粒子的增长机制，为该地区人工增雨作业条件的判断提供依据。第 4 章由王黎俊、康晓燕编写，主要利用试验期间进行飞机分层巡回探测的机载云粒子测量系统（PMS）资料，对该地区春季典型层状云系中垂直结构和各云层的水平微物理特性进行分析，并判别不同云层云粒子的相态，并结合各高度层云粒子的平均谱分布变化探讨云粒子的增长机制，含水量及过冷水含量比率的垂直分布特征，为建立完善该地区人工增雨作业概念模型提供依据。第 5 章由韩辉邦编写，利用在该地区开展飞机云物理探测试验的数据，对 2020 年 9 月 13 日三江源泽库地区一次积层混合云宏、微观物理特征进行研究，揭示该地区积层混合云系的微物理结构和降水形成机制，为科学有效开展人工增雨作业提供支撑。第 6 章由王黎俊编写，利用试验期间一次在层积云顶部进行锯齿型平飞催化作业及回穿探测的 PMS 资料，针对这一航线设计较为典型的试验探测过程，结合飞机播撒催化和催化后探测的实际航线，考虑催化剂的水平输送，在确定作业前后有效对比区间，并区分云粒子相态的基础上，主要研究催化作业一定时间后在其航线下风方有效影响区间的微物理响应，为三江源地区人工增雨效果的验证提供一定的微物理证据。第 7 章由王黎俊编写，对本书进行总结和简单的讨论，指出本研究的不足之处并对将来的工作提出一些设想。

本书在撰写过程中，查阅了大量的资料，听取了多方面的宝贵意见和建议，得到了青海省人工影响天气办公室和许多专家的大力支持。姚展予研究员对全书进行了统稿，张博越、王启花、郭世钰对本书进行了图文编辑，侯永慧、张玉欣、张莉燕为本书的图文作了必要的补充和修改，安琳、刘蓉娜、山成焘对相关章节做了认真审核，在此一并表示衷心的感谢。

由于作者水平有限，难免存在疏漏与不足，敬请广大读者给予批评指正。

作者

2024 年 1 月

目　录

前言

第 1 章　绪论 …… 001

1.1　三江源及飞行观测试验概况 …… 001
1.2　国内外研究进展 …… 004
1.3　研究目的及意义 …… 010
参考文献 …… 011

第 2 章　资料及质量控制 …… 017

2.1　观测仪器和资料简介 …… 017
2.2　PMS 观测数据的质量控制 …… 018
2.3　微物理量计算 …… 019
2.4　云的界定 …… 020
参考文献 …… 021

第 3 章　三江源秋季典型多层层状云系的微物理特性 …… 023

3.1　天气形势和分层探测飞行概况 …… 024
3.2　云系宏观结构特征 …… 026
3.3　各高度层云粒子水平分布特征和相态的判定 …… 031
3.4　云系平均粒子谱分布特征和云粒子增长机制的探讨 …… 041
3.5　本章小结 …… 043
参考文献 …… 044

第 4 章　三江源春季典型多层层状云系的微物理特征 …… 046

4.1　天气过程概况与飞行观测概况 …… 046
4.2　云微物理量的垂直分布特征 …… 047
4.3　各云层云粒子水平分布特征及相态的判别 …… 048
4.4　平均谱分布特征和云粒子增长机制的探讨 …… 052
4.5　云系含水量及过冷水含量比率的垂直分布特征 …… 053
4.6　本章小结 …… 054
参考文献 …… 055

第5章　三江源秋季积层混合云微物理特征 …… 056
5.1　资料和飞行观测概况 …… 057
5.2　积层混合云分布特征 …… 059
5.3　本章小结 …… 064
参考文献 …… 065
第6章　三江源秋季层积云飞机人工增雨催化试验的微物理响应 …… 067
6.1　试验飞行概况和作业前后有效对比区间的确定 …… 067
6.2　云微物理量水平分布特征及其变化 …… 069
6.3　作业高度层云粒子相态的判定 …… 070
6.4　作业前后 FSSP 量程内液态云粒子和冰晶浓度的变化 …… 073
6.5　作业前后的云粒子谱变化 …… 074
6.6　作业前后高过冷水区过冷水含量比率的变化 …… 075
6.7　本章小结 …… 077
参考文献 …… 078
第7章　总结与展望 …… 079
7.1　主要结论 …… 079
7.2　存在的问题和展望 …… 080

第 1 章　绪论

1.1　三江源及飞行观测试验概况

三江源国家自然保护区是目前中国面积最大的自然保护区，地处青海省南部、青藏高原腹地（图 1.1），因长江、黄河及澜沧江发源于此而得名。三江源地区是生态环境脆弱的典型区域，也是中国乃至东亚地区重要的水资源保护区（靳铮 等，2020；姚秀萍 等，2022），素有“中华水塔”之称。三条江河平均每年向下游的给水量为 600 亿 m^3，提供了长江总水量的 25%、黄河总水量的 49%和澜沧江总水量的 15%（胡光印 等，2008）。因特殊的地理位置、区域性涵养水源的重要功能以及对整个流域生态环境的直接影响，使其成为生态建设的战略要地，是国际学术界瞩目的研究气候和生态环境变化的敏感区和脆弱带。在东亚和印度季风驱动下的西南暖湿气流是三江源地区空中主要的水汽来源，其次是来自其西边界中东高压中的偏西气流和西风带中的偏北气流。这 3 种大尺度环流背景的气流汇集到三江源地区，使该地区夏、秋季处于水汽辐合区内，同时在高原地形的动力作用下，三江源地区近地面层维持定常的切变、低涡等天气系统，源源不断的降水为这一区域形成江河源头创造了条件（李生辰 等，2009）。

同时，三江源地区也是亚洲、北半球乃至全球气候变化的敏感区和重要启动区（孟宪红 等，2020；赖敏 等，2013；周秀骥 等，2009）。受地理位置和气候特征等影响，高原地区云系结构及物理特征与平原地区有很大差异。徐祥德等（2002）认为，青藏高原中小尺度对流泡较多，并对应着窄长的上冲热泡；傅云飞等（2007）利用 TRMM 卫星资料研究发现，高原降水云团多呈零散块状的水平分布，降水存在塔状分布特征；常祎等（2016）研究青藏高原夏季对流云发现，受高原加热效应影响，对流云在 11:00 发展，17:00—18:00 达到最强。

近几十年来，三江源地区呈现出气温升高（李林 等，2006；杨建平 等，2007）、水汽输入量和降水量逐渐减少（唐红玉 等，2007；李生辰 等，2009）、土地沙漠化和荒漠化面积持续增加的趋势（胡光印 等，2011，2012），生态环境日趋恶化。其东部地区是整个三江源地区气温升幅最大、年蒸发量增幅最大的区域（李林 等，2006），且部分地区生态环境被评价为脆弱性程度最高的极脆弱型（杨建平 等，2007）。1962—2004 年三江源地区年平均气温的气候倾向率为 0.37 ℃·$(10\ a)^{-1}$，气象观测台站中气温倾向率的最大值达 0.42 ℃·$(10\ a)^{-1}$，其中，冬、秋季的升幅大于春、夏季（李林 等，2006）；1956—2004 年的年降水量呈减少趋势，减少幅度为 6.73 mm·$(10\ a)^{-1}$，年降水日数呈较明显的减少趋势，递减率为 2.7 d·$(10\ a)^{-1}$，三江源地区秋季和夏季降水总量的减少及降水日数的减少是年总降水量减少的主要原因（唐红玉 等，2007）；1975—2005 年的 31 年间，其中黄河源区沙漠化土地面积比率从 1975 年的 14.68%增加到 16.77%（胡光印 等，2011），长江源区 2005 年的沙漠化土地面积较 1975

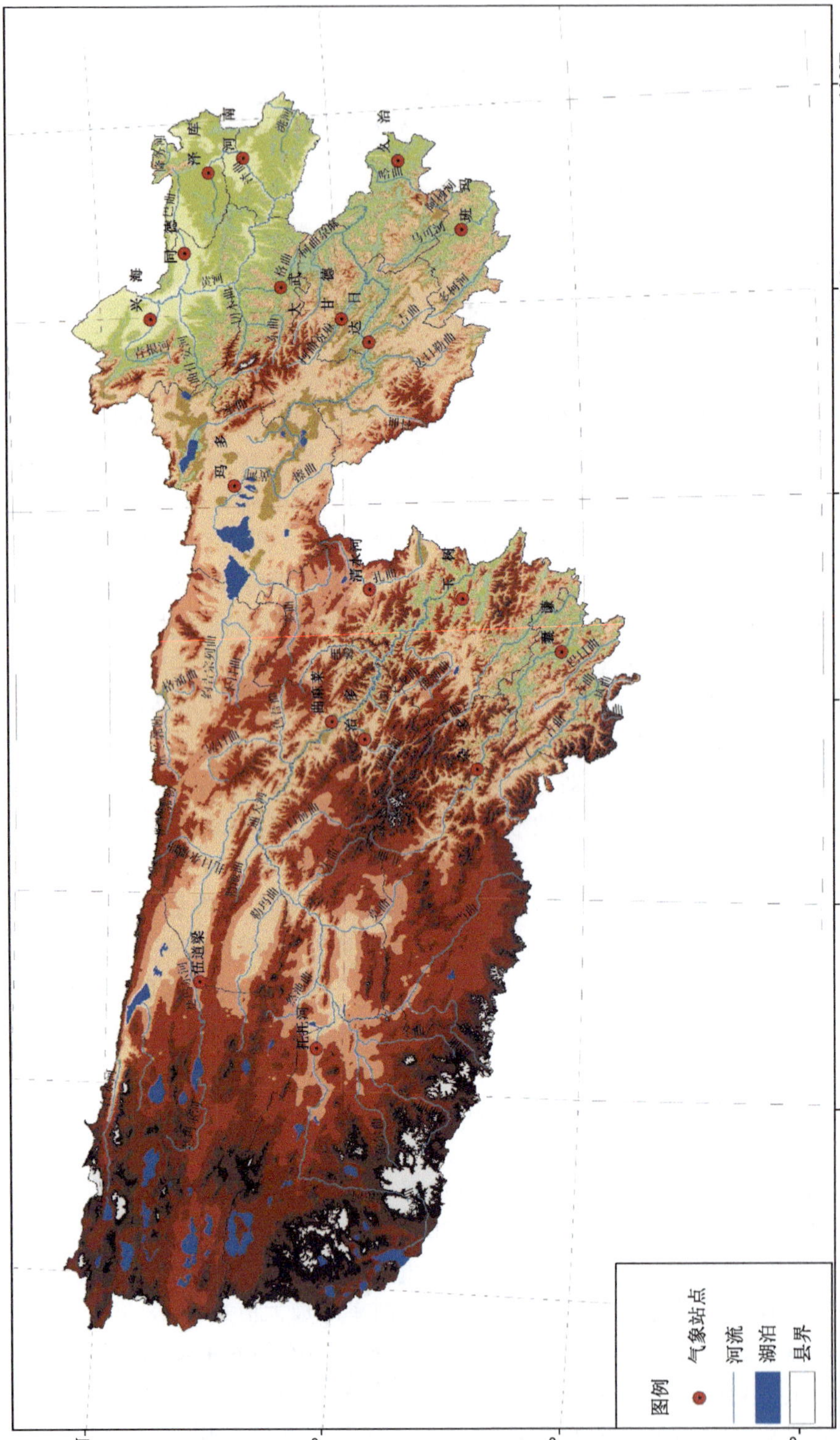

图 1.1 三江源地区

年增加 8.78%(胡光印 等,2012),并呈“增加—保持稳定—快速增加”的发展趋势。气温升高等气候变化因素和不合理的人类活动共同作用导致了沙漠化的快速发展(胡光印 等,2011)。

为增加该地区的降水量、缓解黄河上游来水量不足及改善生态环境,青海省气象部门自1997 年开始在三江源东部地区实施了人工增雨作业试验。2003—2004 年,为进一步提高对该地区云系微物理特征的认识和开展人工增雨试验研究,由中国气象科学研究院、总参谋部大气环境研究所、中国科学院大气物理研究所和青海省人工影响天气办公室联合在三江源东部地区第一次进行了较大规模的综合观测试验。其中以安装有新型 AgI 末端燃烧器(姚展予,2006;汪晓滨 等,2006)和机载云粒子测量系统(Particle Measuring System,PMS)的作业探测飞机(图 1.2)对层状云实施飞机观测及作业试验。在当时的条件下,该试验是国内组织和设计最好的飞机观测试验。由于高原飞行的困难、地理位置的制约、天气及飞行安全条件的限制,飞机观测资料显得极为宝贵。

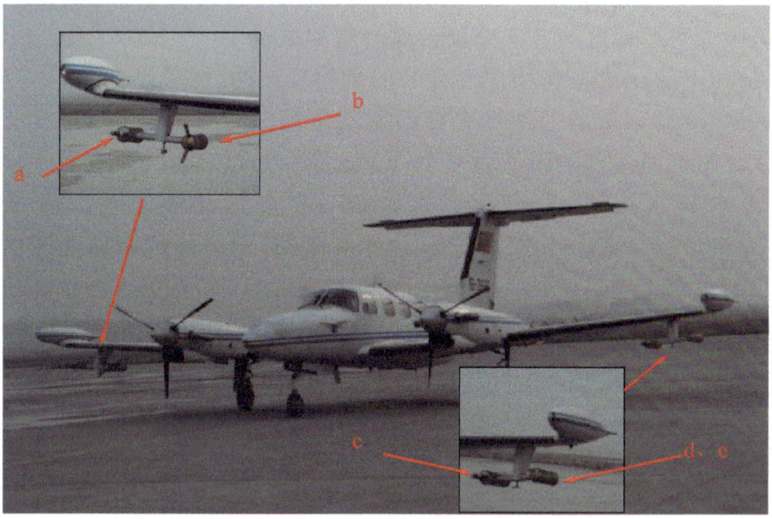

图 1.2 探测飞机及 PMS 系统
(a、c 为一维云粒子探头,b 为二维灰度降水粒子图像探头,
d、e 为二维灰度云雨粒子图像探头和热线含水量仪)

目前,我们对三江源地区人工增雨目标云系微物理结构及其演变方面的认识还很有限,人工增雨作业条件判断方面的依据也较为缺乏,满足不了人工增雨业务发展的需求。

本研究利用第一次三江源综合试验期间的飞机观测资料,对该地区层状云系微物理特征和催化响应进行深入的观测分析和研究,为该地区人工增雨作业条件的判断提供依据,为催化效果提供微物理证据,为催化提供数值模拟研究方面的指导。这不仅对青藏高原腹地降水性层状云系的微物理研究方面具有重要学术意义,并且对提高该地区人工增雨催化效率,有效增加降水量,改善生态环境具有重要的现实意义。

1.2 国内外研究进展

1.2.1 冷锋云系微物理结构和粒子谱特征的飞机观测研究

PMS自20世纪70年代研制成功后，在国际上开始广泛应用于云微物理观测研究。在有关冷云及锋面云系的观测研究中，美国的“温带气旋计划”对中纬度气旋云系、降水的中尺度和微尺度结构做了系统探测，Hobbs等(1980)研究了云系不同部位降水的生长机制，提出了在锋面降水过程中伴随的六种形式的降水雨带：暖锋雨带、暖区雨带、冷锋雨带、锋后雨带、锋前冷波动雨带和波状雨带。Herzegh和Hobbs(1980)发现，暖锋雨带的“播种—供给”机制可以提高降水效率。

近些年来，在冷云及锋面云系的飞机观测研究方面，值得重点关注有：Fleishauer等(2002)分析了美国大平原地区第5次分层云综合观测试验中(CLEX-5, the fifth of the Complex Layered-Cloud Experiments)中层混合云的微物理结构，结果表明，云中存在着复杂的热力、动力结构；Korolev等(2003)对加拿大锋面层状云系进行了综合研究，发现云的过冷层中冰水含量和液水含量都随温度的降低而减小；Field等(2004)综合飞机观测和地面雷达观测区分了云中的过冷水和冰晶；McFarquhar等(2007)在美国北极混合态云试验(M-PACE, Mixed-Phase Arctic Cloud Experiment)的研究结果表明，美国阿拉斯加地区秋季混合云中液态云滴的增长机制主要为凝结增长；Lawson和Zuidema(2009)在第一次国际层状云气候研究项目北极云试验(FIRE-ACE, the First International Satellite Cloud Climatology Project (ISCCP) Regional Experiment-Arctic Clouds Experiment)的研究中发现，北极夏季混合云中过冷层上部云粒子的谱分布基本一致。

国内，在20世纪80年代引进PMS后主要用于云微物理结构的探测和人工增雨试验等方面的研究。游来光等主持开展了我国著名的“北方层状云人工降水试验研究”项目，对北方地区大范围降水性层状云进行了综合探测，获得了大量资料，证实了我国北方降水的微物理机制基本符合播种云与供水云相互作用的总体概念(游来光 等，2002；姚展予，2006；郭学良，2010)。牛生杰等(1992)利用在人工增雨作业时在飞机上所获取的云物理资料，分析了宁夏地区夏季三类主要降水天气条件下高层云的微结构特征。取得了云滴浓度、平均直径、平均立方根直径的垂直分布，发现雪晶平均谱呈现出单峰和双峰形态，含水量在水平方向的分布呈现出不均匀性。杨文霞等(2005)对河北春季4架次的PMS资料进行综合分析，也发现层状云降水系统存在的不均匀性，最明显特点是有较强降水云带的存在。赵仕雄等(2002)利用1977—1979年春、夏季青海东北部系统性高层云的云滴谱飞机观测资料，统计分析了云滴特征量及微物理结构特征。云滴浓度、含水量、平均直径、最大直径随高度的分布表明，该地区降水性高层云系垂直微结构配置可划分为4个不同发展层次：接近云顶是核化和凝结增长层；−7～−4 ℃为云滴和冰粒子活跃增长层；−4～0 ℃为固态粒子聚合及云滴蒸发层；高于0 ℃是融化和碰并层。苏正军等(2003)对青海省东北部一次透雨过程降水云层的微物理探测发现，降水云系在降水形成发展阶段有分层现象，发展阶段的高层云中碰并和聚合是冰晶增大的主要过程。李仑格和德力格尔(2001)对青海省东北部1995年和1997年春季共15架次人工增雨作业飞行时观测资料分析发现，该地区云滴具有尺度宽、浓度小的特点。李照荣等(2003)利用兰州地区 5 次天气过程的层状云垂直探测资料，分析了秋季 Cs—As—Ns 和 Ac—Sc 结构层状云微物理量及云粒子谱的垂直分布特征，用 N 阶伽玛(Γ)函数对云粒子谱分布进行了拟合，指出逆温层相对于温度 0 ℃层的位置和逆温强弱对云滴的微物理特征的分布和降水形成有显著的影响。

2000 年后，国内陆续引进了多套改进的 PMS，在一些北方省份进行了飞机观测和云微物理结构特征的进一步研究。王扬锋等(2007)通过对降水性层状云各高度微物理量和云粒子谱的分析，将延安地区一次降水性层状云的垂直结构划分为 5 个层次：接近云顶是核化和凝结增长层；云中上部(−5～0 ℃)为云滴和冰粒子的快速增长层，凝华增长和冰晶聚合增长是重要的物理过程；在 0 ℃层以下有一融化和碰并增长层；再向下出现了小云滴浓度相对较小的层次，碰并增长过程较弱；在云的底部又出现了一碰并增长层并有水汽的凝结增长，指出混合相态层中冰晶的快速增长是发生降水的关键。居丽玲等(2011)对石家庄地区一次较稳定的冷锋降水云系的垂直微物理结构进行了研究，表明云系垂直分布结构与粒子增长过程符合三层模型的冷云降水形成机制。侯团结等(2011)对比分析了吉林地区两个降水性层状云系的微结构特征，发现在混合相态层内冰粒子浓度随高度的下降而增加直到 0 ℃层以上 0.5～1.0 km，冰粒子主要在 4.0～5.5 km 高度生成并增长，凝华是增长的主要机制，并且存在一些聚合体存在。张佃国等(2007)对北京及周边地区层状云系的分析表明，垂直和水平分布不均匀特性明显，直径小于 400 μm 的云粒子谱型基本相似，而大于 400 μm 的云粒子谱分布在−8 ℃层，上、下分别为双峰和多峰型分布。张佃国等(2011)对山东秋季降水云系多年资料的分析结果认为，云系中存在较为丰富的过冷水，且云粒子谱为负指数型。张瑜等(2012)对河北地区云微物理结构进行了分析，发现高层云底部云滴数大于中上部，随高度的增加粒子直径增大；层积云中上部云滴数浓度高于底部，云滴平均直径为 7.56 μm，总趋势是随高度的增加云滴直径先增大后减小。

以上研究为人工增雨作业提供了有力的科学依据。黄梦宇等(2005)对中国北方多年来不同地区层状云系中前向散射粒子谱探头(Forward Scattering Spectrometer Probe，FSSP)所测的云滴平均浓度和含水量进行了比较，发现平均浓度、含水量的变化趋势不甚明显。范烨等(2010)对中国北方 9 个架次冷锋层积云系中的二维灰度云粒子探头(Two-Dimensional Cloud probe，2DC)观测值进行了比较，发现各架次数据的差异最大有 2 个量级。由此可见，云的微物理参量随着不同地区、季节、天气系统、云型、云中不同部位、不同发展阶段以及大气层结等情况变化复杂。

云内不同相态水成物的粒子谱是微物理过程综合作用的产物，包含了大量云粒子转化、增长和降水形成的相关信息(杨洁帆 等，2010)。在中国北方地区的观测中，山东(张佃国 等，2011)、北京(张佃国 等，2007)等地区冷锋锋面云系、延安(王扬锋 等，2007)层状云系、吉林(齐彦斌 等，2007)对流云带等混合态云中，FSSP 观测的云粒子谱型均呈负指数型分布，2DC 观测的云粒子谱型基本上为多峰或单峰伽玛(Γ)型分布。而新疆(王谦 等，1987)冬季层状云、甘肃(李照荣 等，2003)秋季层状云 FSSP 观测的云粒子谱型为单峰伽玛(Γ)型分布，而新疆(王谦 等，1989)冬季层状云 2DC 观测的云粒子谱型基本上为负指数型分布。

国内基于机载云微物理测量系统(Droplet Measurement Technology，DMT)机载云微物理测量系统对锋面云系及层状冷云的观测结果(张佃国 等，2011；封秋娟 等，2014；王元 等，2017；蔡兆鑫 等，2013；彭冲 等，2016；杨文霞 等，2018)，同样表明在不同地区、不同的天气系统及地形条件下，云系的宏、微观结构和降水形成过程存在着多变性和复杂性。

积层混合云由层状云和嵌入其中的对流云组成，生命期较长，是我国北方主要降水云系，也是实施飞机人工增雨的主要目标云系（洪延超，1996；黄敏松 等，2021；何晖 等，2015；范烨等，2010；朱士超 等，2015）。自 20 世纪 70 年代起，国内外先后开展了一系列针对积层混合云系的飞机探测研究（黄美元 等，2003；洪延超 等，2011；Plummer et al.，2014）。Evans 等（2005）研究发现，嵌入层状云中的对流单体液态含水量更高，上升速度更强，能够产生更多的冰晶；范烨等（2010）研究北京地区积层混合云结构发现，大粒子分布较均匀，小粒子在对流区内外差距较大，对流区内浓度大、尺度小；张佃国等（2007）研究环北京地区积层混合云微物理结构特征发现，云粒子谱在高层为单峰谱，低层为双峰谱，降水粒子在不同高度均为单峰谱；朱士超等（2015）研究发现，华北地区积层混合云中观测的液水含量呈不均匀分布，最大值可达 1.5 $g \cdot m^{-3}$；王元等（2017）分析河北地区积层混合云飞机探测资料发现，嵌入式积云区温度为周围层云区，含水量分布不均且大于层云区；亓鹏等（2019）研究华北太行山东麓积层混合云中对流泡和融化层结构特征发现，在含有高过冷水含量的对流泡中，冰粒子增长主要是聚并和凇附增长，而在过冷水含量较低的云区以聚并增长为主；刘香娥等（2020）研究北京地区积层混合云垂直结构发现，云中冰晶形状主要有板状、针柱状、辐枝状和不规则状，冰晶的聚合是云中粒子增长的主要过程；高茜等（2020）研究发现，华北地区积层混合云中层云区和积云区冰粒子形状和形成过程有明显差别，层云区的粒子形状组成比较复杂，包含针状、柱状和辐枝状等，而积云区主要以辐枝状粒子为主，聚并、凇附过程明显。

1.2.2 中国北方层状云降水机制的数值模拟研究

经典理论对混合层状云（水-冰混合云）降水粒子形成的设想模式为，云顶温度为－20～－5 ℃，而云底温度高于 0 ℃，在云的上层会形成冰晶。冰晶在云内下落时可经历三个层次：冰晶层、冰晶和过冷水滴层（过冷混合层）、温度高于 0 ℃的水滴层。在这三个层次中冰晶生长的特点不同。要想精确了解层状云降水，必须综合考虑云动力学和云的微物理学，建立合理的模式加以研究（盛裴轩 等，2003）。

胡朝霞等（2007）对东北地区一次大范围降水性层状云系的模拟研究结果表明，冰晶层中冰晶主要以凝华增长为主，也存在冰晶的碰并增长，产生一小部分雪晶。当上升气流达到该层时也可以产生一些过冷云滴，但会很快蒸发。赵震和雷恒池（2008）对西北地区一次降水量较小的层状云的微物理过程进行了数值模拟研究。层状云系的数值模拟研究（胡朝霞 等，2007；赵震和雷恒池，2008）和对流云模拟研究（刘晓莉和牛生杰，2009）结果都表明，在过冷混合层中冰晶主要以凝华增长和碰并云滴增长为主。过冷水含量及厚度是降水能否产生的关键参量（胡朝霞 等，2007）。在这里冰晶的凝华增长很重要，虽然仅靠这种冰水转化难以形成降水，但它生成的较大冰晶能促使碰并过程发挥作用（盛裴轩 等，2003）。过冷混合层既是播种云又是供给云（赵震和雷恒池，2008）。

杨洁帆等（2010）用一维模式对吉林省一次锋面抬升引起的层状云降水系统进行了模拟研究，结果表明，冰晶层对过冷混合层的播撒以直径小于 300 μm 的小冰晶粒子为主，从过冷混合层播撒直径大于 100 μm 的水滴粒子以及未完全融化的冰晶粒子对水滴层中小云滴粒子的碰并收集作用较强，同时，一部分降水粒子在水滴层内可通过随机碰并机制产生；若无水滴层，降水时间滞后，雨强增加缓慢，雨滴粒子谱宽达 1500 μm。

杨正卿等(2012)使用耦合了 Morrison 双参数微物理方案的中尺度 WRF 模式，对我国南方的冰雪天气过程进行了数值试验。在模式准确再现了天气过程形势演变特点的基础上，对模式微物理方案中云滴数浓度影响累积降水量的情况进行了敏感性试验，发现云滴数浓度对降水量的影响是复杂和非线性的。云滴数浓度越大，云水混合比就越大，云滴的尺度越小。

王秀娟等(2014)利用一维层状云模式分析了河北地区一次层状云系的微物理结构和降水过程。发现此次降水云系垂直结构符合 3 层概念模型和"播种云—供给云"机制，其中第一层存在冰雪晶，雪主要通过冰晶自动转化和凝华增长；第二层有冰晶、雪、霰、云水和雨滴，此层贝吉龙过程作用明显；第三层主要粒子为云滴、雨滴及从上层融化的雪和霰，霰的融化对雨滴的形成贡献最大。云体发展成熟时，各层之间存在一定的播种—供应关系，如第一层向第二层顶部播撒雪和冰晶，第二层向第三层顶部播撒霰和雪。

刘香娥等(2022)利用中尺度数值模式，研究了北京一次降雪过程的宏观特征、水凝物输送及降雪的微物理机制。发现降雪云中的水凝物基本全为冰晶和雪，有少量的云水，整层云系都含有非常丰富的水汽并且贯穿整个降雪时段。在冰面过饱和环境中，水汽凝华是雪的主要增长过程；其次是云冰增长成雪和云冰聚合成雪的过程。

以上数值模拟研究结论，为利用观测资料研究和探讨云中不同相态云粒子的增长机制及降水机理提供了依据和参考。

1.2.3 冷云催化效果的飞机观测研究

人工影响天气的效果检验是人工影响天气工作的重要环节，但由于云和降水的自然时空变率大，评估对象自身又具有一定的不确定性，多尺度的各种因子相互作用，复杂多变，因此，进行严格的效果检验，至今仍是一大难题(李大山 等，2002)。

目前，人工影响天气的效果检验大体有三条途径，即物理检验、统计检验和数值模拟理论分析(盛裴轩 等，2003)。在人工催化冷云的统计检验方面，美国 20 世纪 60—70 年代实施的 CLIMAX Ⅰ和 CLIMAX Ⅱ试验(Mielke et al.，1981)的结果是最引人注目的证据，但后来其统计检验结论受到了质疑。尽管他们的再分析结果仍然表明有增加降水约 10%的显著效果，但明显少于最初的结论(Bruintjes，1999)。统计检验无法排除偶然性影响，并且在业务性试验中很难实施。

20 世纪 80 年代以来，以多普勒雷达、PMS 为代表云和降水物结构探测系统有了突破性更新，可以对云中各种尺度的粒子进行观测，使研究云中微物理结构的变化和水分的分配特征成为可能。因此，人工影响天气的效果检验已逐渐从统计检验转向物理检验(盛裴轩 等，2003)。

PMS 所具有的高空间分辨率为监测人工催化后云中微物理结构变化提供了条件(游来光，1994)。国外在 20 世纪 70 年代就开始利用 PMS 观测用干冰或 AgI 催化后云中冰相粒子的变化特征(Stewart and Marwitz，1982；Huggins and Roid，1985)。国外人工引晶催化效果方面的研究主要针对积云和冬季地形云。本研究主要关注国外在地形云方面的催化研究。

早期，美国华盛顿州喀斯喀特山脉试验(Hobbs and Radke，1975)中，利用飞机和地面雷达探测，对试验期间 56 个催化个例进行物理检验，研究结果认为显示了较好的催化效应。Stewart 和 Marwitz(1982)曾对美国内华达山脉附近冬季层状云的飞机催化(播撒 AgI 和干冰)进行了物理检验，发现降水粒子主要随催化剂的扩散而增长。

20 世纪 80 年代后，依据人工引晶静力催化概念模型实施的冷云催化试验增多。典型的试验有美国的高原试验(HIPLEX-1)(Smith et al. ,1984),该试验设计了一种较为复杂的物理检验与统计检验紧密结合的检验方法,预先定义响应变量,通过随机试验进行探测,验证播云催化的物理效应。类似的还有南非的大陆积云催化试验(Krauss et al. ,1987)和美国北达科他州西南的浓积云催化试验(Boe et al. ,1992)、蒙大拿州西南落基山脉的布里基试验(Super and Heimbach,1988)和科罗拉多州大方山试验(Super and Boe,1988)等,都进一步发展了物理检验方法,使之更加定量化,也探测到了一些由播云引起催化效应的证据,但要获得与假设完全一致的、完整的"物理事件链"(图 1.3)还很困难(Bruintjes,1999;余兴 等,2007)。例如,Reynolds 和 Dennis(1986),Reynolds(1988),Reinking 和 Meitin(1989),Super(1990)等人的研究成果都表明,在某些有利条件下,催化可增加降水量。但 Bruintjes(1999)认为,仍然有许多难以回答的问题,尤其是在云中过冷水的时空变化及复杂地形的影响下。在美国内华达山脉地区的试验中,36 次试验中仅有 2 次能完整证明催化效果(Deshler et al. ,1990),Huggins 和 Sassen(1990)在美国犹他州图莎尔山的地面催化试验中也未能证明催化物理事件链。

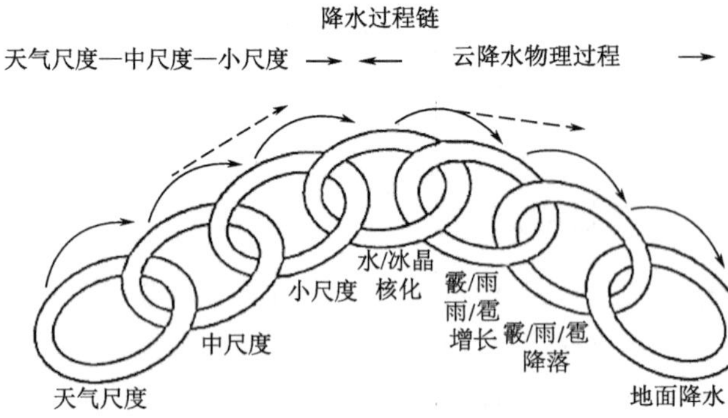

图 1.3　云降水的物理事件链(Deshler et al. ,1990)

Ryan 和 King(1997)对澳大利亚 40 年云催化试验的综述结论认为,在澳大利亚平原地区增加冬季降水的催化是无效的,但有证据表明,在有上升气流的山区层状云中,在有限的气象条件下催化是有效的,并提出云催化试验的科学实施是亟待解决的关键问题之一。

另外,云中过冷水区的及时识别、催化剂的扩散和有效影响区(Deshler and Reynolds,1990;Stith et al. ,1990)等始终是个困难问题(Bruintjes,1999)。例如,物理检验中首先需要回答播云效应区是如何移动、分布、演变及存在的时间有多长等问题,才能保证在此时间内探测到效应区存在的物理事实,许多检验试验都证实了这是物理检验成败的关键(余兴,2007)。在这方面的研究中,Rosenfeld 等(2005),余兴等(2005)利用 NOAA 卫星观测资料研究了在层状云云顶实施飞机播撒后的云迹,说明播云物理效应区能响应催化剂的输送扩散状况。其结论可为催化的微物理响应的研究提供催化剂输送和扩散方面的依据。

国内,20 世纪 80 年代后,在"北方层状云人工降水试验研究"中对新疆冬季气团内结构均匀的过冷层积云进行干冰催化,并利用 PMS 对催化区中的冰晶浓度和粒子谱进行观测,结果表明,人工引晶后冰晶浓度激增,出现高冰晶浓度带,催化影响区内过冷水被耗尽(王谦 等,1987;游来光 等,1994)。消除过冷低云的研究(陈万奎 等,1992)中也认为飞机播撒 AgI 后,云滴数浓度不断减少,对应的云含水量随时间呈指数衰减,冰雪晶数浓度不断增加。

近些年,王以琳和雷恒池(2003)在山东 2000 年春季冷云人工引晶试验中,分析了人工引晶前后云中微物理量的变化。在引晶扩散带中观测到过冷液态水消耗、冰雪晶浓度增加、云粒子谱拓宽的事实，并认为这种与背景值存在巨大差异的物理变化是人工引晶的结果。金德镇等(2007)结合云中飞机观测资料和卫星、雷达资料，分析了层状云人工增雨作业前后云的宏、微观物理结构和降水变化。观测发现，液态 CO_2 人工引晶后，影响区云中的冰晶浓度、雨滴直径比对比区有明显增加，云中过冷水减少；影响区最大回波强度增大，强回波区的面积扩大，降水增加。

孙玉稳等(2017)利用机载、雷达、卫星观测资料对河北一次回流西风槽天气，人工增雨作业前后云的宏微观物理响应进行了分析，得到作业后云中大、小云粒子浓度都有增加，降水粒子浓度经历了先降后升过程的结论。有效粒子直径向大值方向偏移，平均直径分布频谱变宽，粒子分布更离散。张景红等(2020)针对吉林省境内一次积层混合云人工催化响应过程，分析云系人工增雨的可播性及背景区与响应区云的微物理量差别。结果显示，催化响应区中冰粒子数浓度明显高于背景区，其中直径为 37.5～187.5 μm 的冰粒子数浓度增加最多；催化响应区中直径小于等于 18.5 μm 的小云粒子数浓度低于背景区，而直径为 18.5～45.5 μm 的大云粒子数浓度则相反。

1.2.4 AgI 核化机制的实验研究及其输送、扩散及微物理效应的数值模拟研究

在 AgI 核化机制的实验研究方面，DeMott(1995)在美国科罗拉多州立大学取得突破性进展，建立了动力云室，可以模拟大气中上升气流的慢膨胀冷却过程，并能调控云室内的水汽和气溶胶。利用这一云室，DeMott(1995)研究了不同尺度 AgI 催化剂复合气溶胶在不同温、湿、云条件下的成冰速率，并分辨出不同机制所起的作用。他归纳得出的 AgI 粒子的各种机制核化成冰的速率同环境温、湿、云的关系式虽然在数值上可能有较大误差，但在物理上是合理的，并有较好的实验数据支持，因而是可用的，也是目前唯一的。刘诗军等(2005)根据 DeMott(1995)给出的不同成核机制下 AgI 成核效率的实验结果，通过数值模拟的方法，研究了 AgI 粒子在云室、层状云和对流云中的核化过程。数值试验结果表明，AgI 的成核方式在层状云和对流云中有很大不同：在层状云中 AgI 主要以接触冻结、浸没冻结等慢核化过程为主，而在对流云中则以凝结冻结过程为主。

在催化剂的在层状云中输送扩散的数值模拟研究方面，申亿铭等(申亿铭，1994；申亿铭和陈吉航，1998)研究了扩散的数值解法。银燕(1996)对层状云催化剂的扩散过程进行了数值模拟。余兴等(1998，2002，2005，2007)研究了催化剂的扩散传播以及播云产生的有效区域等问题。这些研究结论可为催化响应研究所必需的输送和扩散的处理提供参考。

数值模式已经成为人工影响天气理论研究及指导作业的重要工具(Orville，1996；Garstang et al.，2005)。国外利用数值模式对层状云催化的研究开展得比较早。Bigg 和 Turton(1986，1988)研究了 AgI 催化剂对云体催化后的持续效应，发现催化后 13～21 h 云内产生了大量的次生冰晶，且 AgI 的持续效应很长。Vali 等(1988)利用一维定常模式研究了催化对降水量的影响。Farley 等(1994)利用三维云模式研究了 AgI 和液氮在云中的输送及对云和降水的影响。

人工冰核除通过冰晶效应使过冷水转化为降水(胡志晋，2001)外，还使一部分冰面过饱和水汽转化为降水(胡志晋 等，1983)。刘晓莉等(2006)在郭学良等(1999)发展的层状云雨滴分档模式中加入冰晶繁生过程，模拟了 AgI 和液态 CO_2 的催化效率以及催化后云中

过冷水的分布与演变过程。研究结果表明，AgI 和液态 CO_2 在 5200～5600 m 高度上的催化效率相当，最大达到 11.1%；液态 CO_2 在 2600～3000 m 高度层的催化效率明显增大，达到 14.2%；模式云被催化后，云中过冷水在 200 min 表现出恢复趋势，云中水汽对过冷水的恢复过程作出了贡献。杨洁帆和雷恒池(2010)使用加入 AgI 焰剂催化方案的一维层状云全分档模式，对长春一次层状云降水过程进行 AgI 播撒试验，表明 AgI 播撒后主要通过增加可降水粒子数量来影响地面降水强度和累计雨量，而对降水粒子谱型拓宽的贡献有限。

中尺度模式能够更好地利用实际大气资料，模拟出更贴近自然状态下的天气过程(方春刚等，2009)。在层状云系催化的中尺度模式研究方面，李宏宇等(2006)、洪延超和周非非(2006)采用 MM5 模拟研究了催化潜力。李宏宇等(2006)对河南春季一次大范围冷锋降水云系的模拟研究结果表明，云系分层、非均匀性结构明显，云系内同时存在较强的冷、暖云过程，低层和中层首先由暖云过程生成大量云水，而高层冰晶出现后不断向雪转化，大量的冰雪晶由高层降落至中层高云水含量区，促使雨水大量产生，云系存在明显的“播种—供给”云降水机制。此外，模拟显示云系降水主要集中于冷锋面附近，锋前和锋后拟降水效率通常介于 10%～30%，锋区附近达 40%～60%，在积层混合区可高达 70%以上。

何晖等(2013)利用加入了催化方案的中尺度 WRF 模式对环北京地区一次层状云系降水过程进行模拟和催化试验。研究在不同催化剂量、高度和时刻进行试验对降水的影响。发现在催化后的前 30 min 内，地面雨量轻微减小；30 min 后，净增雨量迅速增加。AgI 的播撒率对降水量有明显影响，过量催化会使雪晶平均质量减少，下落速度锐减，从而雪融化成的雨水减少，导致雨量减弱。不同催化高度和催化时间的催化结果表明在过冷水含量比较丰富而冰雪晶含量偏少的区域进行催化，增雨效果显著。

刘卫国等(2021)使用三维中尺度冷云催化模式对河北省一次层状云降水的飞机催化作业过程进行了仿真模拟，研究飞机播撒的 AgI 催化剂在空中的扩散传输特征，分析催化对云和降水宏微观特性的影响。研究结果表明，播撒的 AgI 催化剂烟羽扩展的水平尺度可达数十千米以上，垂直方向上，大部分 AgI 粒子则主要集中在作业层上下约 1 km 的厚度范围内，AgI 粒子的向上输送明显强于向下的输送；催化后云中的冰晶和雪粒子明显增加，云中霰的总量逐渐增加；催化云的雷达回波强度有明显增强，且随时间变化表现出不同的结构特征；催化导致地面降水出现先减少后增加的时间变化特征，催化后 3 h，作业影响区向作业区下游扩展 100 km 以上，总体呈现减雨—增雨的区域分布特征。

1.3 研究目的及意义

综上所述，国内外对层状云微物理结构特征、降水形成机理和催化检验方面取得了大量有意义的研究成果。但对云降水形成关键物理过程的认识、验证和定量化描述仍然不足。目前对云的认识，在很大程度上还处于定性化认识状态，定量化特别是准确的定量化描述仍然十分缺乏，云仍然是一个“黑匣子”(郭学良 等，2013)，存在着一些亟待解决的关键性问题。同时，对层状云催化的微物理效果检验方面仍然不足。

首先，云中过冷水的识别是个困难问题(Bruintjes，1999)。利用地面雷达和卫星遥感观测获取云中粒子相态的相关技术，目前仍然处于不成熟状态(郭学良 等，2013)。因此，飞机探测仍然是获取云中粒子相态的唯一手段。PMS 任一探头所测粒子都可能包含有多种模态的粒子群，根据二维图像资料可从粒子的形态上判别粒子的相态，但粒子的尺度一般要大于 150～200 μm。利用一维前向散射探头观测的粒子谱在鉴别粒子相态上还带有很大的不确定性，需结合其他信息做综合判断，因此，对大量的尺度较小的粒子的相态鉴别至今尚未完全解决（游来光，1994）。国内在这方面的研究一直较为缺乏。

其次，云催化后云中液态过冷水的时空变化仍然是难以回答的问题（Bruintjes，1999）。同时，催化剂的扩散及有效影响区也是个难点问题。一方面，由于层状云降水云系包含有不同尺度的云带和云团，由此在自然云中粒子浓度及其粒子谱特征的空间变异性很大（游来光 等，1994）；另一方面，飞机探测是云探测重要的手段，但同时受观测条件的限制较大。催化效果只有在播撒器与目标区的连线与气流是平行的时候才能检测到（Bruintjes，1999），催化效应区的时空变化是决定催化效果物理检验成败的关键（余兴 等，2007）。因此，对催化后云中微物理参量改变的观测应限于相对均匀的云体，且对飞机观测方案的设计必须是严格的。国内对云催化后微物理参量变化的研究不足，尤其是缺乏高原地区云催化的观测研究。

鉴于上述情况，本研究主要利用第一次三江源地区飞机观测试验期间的 PMS 观测资料，分析秋季多层层状云系的垂直和水平微物理结构特征，在研究新方法，判别各高度层云粒子相态，有效区分云中过冷水的基础上，分析该地区多层层状云系的微物理特性，并研究层积云飞机人工增雨催化试验的微物理响应，为该地区人工增雨作业条件的判断提供依据，并为催化效果的验证提供一定的微物理证据。

参考文献

蔡兆鑫，周毓荃，蔡淼，2013. 一次积层混合云系人工增雨作业的综合观测分析[J]. 高原气象，32(5)：1460-1469.

常祎，郭学良，2016. 青藏高原那曲地区夏季对流云结构及雨滴谱分布日变化特征[J]. 科学通报，61(15)：1706-1720.

陈万奎，严采蘩，吴心遂，等，1992. 碘化银消除过冷低云试验结果[J]. 应用气象学报，3(1)：59-66.

范烨，郭学良，张佃国，等，2010. 北京及周边地区 2004 年 8、9 月层积云结构及谱分析飞机探测研究[J]. 大气科学，34(6)：1187-1200.

方春刚，郭学良，王盘兴，2009. 碘化银播撒对云和降水影响尺度数值模拟研究[J]. 大气科学，30 (4)：561-569.

封秋娟，李培仁，侯团结，等，2014. 山西春季一次层状冷云的微物理结构特征[J]. 大气科学学报，37(4)：449-458.

傅云飞，李宏图，自勇，2007. TRMM 卫星探测青藏高原谷地的降水云结构个例分析[J]. 高原气象，26(1)：98-106.

郭学良，2010. 大气物理与人工影响天气(上)[M]. 北京：气象出版社.

郭学良，黄美元，徐华英，等，1999. 层状云降水微物理过程的雨滴分档数值模拟[J]. 大气科学，23(6)：745-752.

郭学良，付丹红，胡朝霞，2013. 云降水物理与人工影响天气研究进展(2008-2012 年)[J]. 大气科学，37(2)：351-363.

何晖，高茜，李宏宇，2013. 北京层状云人工增雨数值模拟试验和机理研究[J]大气科学，37(4)：905-922

何晖，高茜，刘香娥，等，2015. 积层混合云结构特征及降水机理的个例模拟研究[J]. 大气科学，39(2)：

315-328.
洪延超,1996. 积层混合云数值模拟研究(Ⅰ)——模式及其微物理过程参数化[J]. 气象学报,54(5):544-557.
洪延超,李宏宇,2011. 一次锋面层状云云系结构、降水机制及人工增雨条件研究[J]. 高原气象,30(5):1308- 1323.
胡朝霞,雷恒池,郭学良,等,2007. 降水性层状云系结构和降水过程的观测个例与模拟研究[J]. 大气科学,31(3):425-439.
胡光印,董治宝,魏振海,等,2008. 江河源区沙漠化研究进展与展望[J]. 干旱区资源与环境,22(7):41-45.
胡光印,董治宝,逯军峰,等,2011. 黄河源区1975-2005年沙漠化时空演变及其成因分析[J]. 中国沙漠,31(5):1079-1086.
胡光印,董治宝,逯军峰,等,2012. 长江源区沙漠化及其景观格局变化研究[J]. 中国沙漠,32(2):314-322.
胡志晋,2001. 层状云人工增雨机制、条件和方法的探讨[J]. 应用气象学报,12(增刊):10-13.
胡志晋,秦瑜,王玉彬,1983. 层状冷云的数值模拟[J]. 气象学报,41(2):194-203.
黄美元,沈志来,洪延超,等,2003. 半个世纪的云雾、降水和人工影响天气研究进展[J]. 大气科学,27(4):536-551.
黄梦宇,赵春生,周广强,等,2005. 华北地区层状云微物理特性及气溶胶对云的影响[J]. 南京气象学院学报,28(3):360-368.
黄敏松,雷恒池,2021. 云粒子的破碎对积层混合云微物理参量测量的影响[J]. 大气科学,45(2):369-378.
金德镇,雷恒池,郑娇恒,等,2007. 液态 CO_2 人工引晶后云微物理和降水变化的观测分析[J]. 大气科学,31 (1):99-108.
靳铮,游庆龙,吴芳营,等,2020. 青藏高原三江源地区近60a气候与极端气候变化特征分析[J]. 大气科学学报,43(6):1042-1055.
居丽玲,牛生杰,段英,等,2011. 石家庄地区一次秋季冷锋云系垂直微物理结构的观测研究[J]. 高原气象,30(5):1324-1336.
赖敏,吴绍洪,戴尔阜,等,2013. 生态建设背景下三江源自然保护区生态系统服务价值变化[J]. 山地学报,31(1):10-19.
李大山,章澄昌,许焕斌,等,2002. 人工影响天气现状与展望[M]. 北京:气象出版社.
李宏宇,王华,洪延超,2006. 锋面云系降水中的增雨潜力数值研究[J]. 大气科学,30 (2):341-350.
李林,李凤霞,郭安红,等,2006. 近43年来"三江源"地区气候变化趋势及其突变研究[J]. 自然资源学报,21(1):79-85.
李仑格,德力格尔,2001. 高原东部春季降水云层的微物理特征分析[J]. 高原气象,20(2):191-196.
李生辰,李栋梁,赵平等,2009. 青藏高原“三江源地区”雨季水汽输送特征[J]. 气象学报,67(4):591-598.
李照荣,李荣庆,李宝梓,2003. 兰州地区秋季层状云垂直微物理特征分析[J]. 高原气象,22(6):583-589.
刘诗军,胡志晋,游来光,2005. 碘化银核化过程的数值模拟研究. 气象学报[J]. 63(1):30-40.
刘卫国,陶玥,周毓荃,2021. 层状云催化宏微观物理响应的数值模拟研究[J]. 大气科学,45(1):37-57.
刘晓莉,牛生杰,陈跃,2006. 层状云催化后过冷水分布与演变规律的数值模拟[J]. 大气科学,33 (3):621-633.
刘晓莉,牛生杰,2009. 三维对流云中粒子谱演变特征的数值模拟[J]. 中国科学D辑:地球科学,39(2):245-256.
刘香娥,何晖,陈羿辰,等,2022. 北京地区一次降雪系统大气水凝物输送特征及降雪微物理机制的数值模拟研究[J]. 大气科学,46(3):507-519.
孟宪红,陈昊,李照国,等,2020. 三江源区气候变化及其环境影响研究综述[J]. 高原气象,39(6):1133-1143.
彭冲,周毓荃,蔡兆鑫,等,2016. 一次基于飞机观测的低槽冷锋云系微物理结构的综合分析[J]. 大气科学学报，39(5)：620-632.

亓鹏，郭学良，卢广献，等，2019. 华北太行山东麓一次稳定性积层混合云飞机观测研究：对流云/对流泡和融化层结构特征[J]. 大气科学，43(6)：1365-1384.

齐彦斌，郭学良，金德镇，2007. 一次东北冷涡中对流云带的宏微物理结构探测研究[J]. 大气科学，31(4)：621-634.

牛生杰，马铁汉，管月娥，等，1992. 宁夏夏季降水性层状云微结构观测分析[J]. 高原气象，11(3)：241-248.

侯团结，胡朝霞，雷恒池，2011. 吉林一次降水层状云的结构和物理过程研究[J]. 气象学报，69(3)：508-520.

盛裴轩，毛节泰，李建国，等，2003. 大气物理学(第 2 版)[M]. 北京：北京大学出版社.

苏正军，刘卫国，王广河，等，2003. 青海一次春季透雨降水过程的云物理结构分析[J]. 应用气象学报，14(增刊)：27-35.

孙玉稳，银燕，孙霞，等，2017. 冷云催化宏微观物理响应的探测与研究[J]. 高原气象，36(5)：1290-1303.

唐红玉，杨小丹，王希娟，等，2007. 三江源地区近 50 年降水变化分析[J]. 高原气象，26(1)：47-54.

汪晓滨，毛节泰，郑国光，等，2006. 新型 AgI 末端燃烧器及其在增雨作业中的应用[J]. 气象科技，34(1)：93-96.

王谦，游来光，胡志晋，1987. 新疆乌鲁木齐地区冬季层积云研究—个例的观测结果与分析[J]. 气象学报，45(1)：2-12.

王秀娟，姜忠宝，杨洁帆，等，2014. 河北一次层状云系降水的微物理机制数值模拟与分析[J]. 气象与环境学报，30(1)：01-07.

王扬锋，雷恒池，樊鹏，等，2007. 一次延安层状云微物理结构特征及降水机制研究[J]. 高原气象，26(2)：388-395.

王以琳，雷恒池，2003. 冷云飞机人工引晶检验[J]. 大气科学，27(5)：929-938.

王元，牛生杰，雷恒池，2017. 利用三架飞机联合探测资料分析层积混合云催化物理效应[J]. 大气科学学报，40(5)：686-696.

徐祥德，陶诗言，王继志，等，2002. 青藏高原—季风水汽输送“大三角扇型”影响域特征与中国区域旱涝异常的关系[J]. 气象学报，60(3)：257-266.

杨建平，丁永建，陈仁升，等，2007. 长江黄河源区生态环境脆弱性评价初探[J]. 中国沙漠，27(6)：1012-1017.

杨洁帆，雷恒池，2010. 焰剂对层状云催化的数值模拟研究[J]. 气候与环境研究，15(6)：706-717.

杨洁帆，雷恒池，胡朝霞，等，2010. 一次层状云降水过程微物理机制的数值模拟研究[J]. 大气科学，34(2)：275-289.

杨文霞，牛生杰，魏俊国，等，2005. 河北省层状云降水系统微物理结构的飞机观测研究[J]. 高原气象，24(1)：84-90.

杨文霞，胡朝霞，董晓波，等，2018. 降水性层状云结构及微物理量相关性分析[J]. 大气科学学报，41(4)：525-532.

杨正卿，银燕，刘聪，等，2012. 云滴数浓度影响混合型层状云降水的数值模拟[J]. 大气科学学报，35(3)：350-363.

姚展予，2006. 中国气象科学研究院人工影响天气研究进展回顾[J]. 应用气象学报，17(6)：786-795.

姚秀萍，谢启玉，黄逸飞，2022. 中国三江源地区降水研究的进展与展望[J]. 大气科学学报，45(5)：688-699.

银燕，1996. 内蒙古中西部层状云中飞机播撒催化剂扩散过程的数值模拟[J]. 内蒙古气象(4)：28-32.

游来光，1994. 利用粒子测量系统研究云物理过程和人工增雨条件[C]//游景炎，段英，游来光. 云降水物理和人工增雨技术研究. 北京：气象出版社.

游来光，马培民，胡志晋，2002. 北方层状云人工降水试验研究[J]. 气象科技，30(增刊)：19-56.

余兴，樊鹏，王晓玲，等，1998. 层状云中非垂直多条撒播线源催化剂扩散的数值模拟[J]. 气象学报，56(6)：708-723.

余兴,王晓玲,戴进,等, 2002. 过冷层状云中飞机播云有效区域的模拟研究[J]. 气象学报,60(2):205-213.

余兴, 戴进, 雷恒池, 等, 2005. NOAA 卫星云图反映播云物理效应[J]. 科学通报, 50 (1): 77-83.

余兴,徐小红,戴进, 2007. 过冷层状云 AgI 播云效应区的 NOAA 卫星反演分析与数值模拟[J]. 自然科学进展,17(2):225-232.

张佃国,郭学良,付丹红,等, 2007. 2003 年 8-9 月北京及周边地区云系微物理飞机探测研究[J]. 大气科学, 31(4):596-610.

张佃国,郭学良,龚佃利,等, 2011. 山东省 1989-2008 年 23 架次飞机云微物理结构观测试验结果[J]. 气象学报, 69(1):195-207.

张景红,孟辉,于翠红,等,2020. 人工增雨催化响应试验分析[J]. 干旱气象,38(6):1043-105

张瑜,银燕,石立新,等, 2012. 2007 年秋季河北地区云微物理结构的飞机探测分析 [J]. 高原气象,31(2): 530-537.

赵仕雄,陈文辉,杭洪宗, 2002. 青海东北部春季系统性降水高层云系微物理结构分析[J]. 高原气象, 21(3): 281-287.

周秀骥,赵平,陈军明,等,2009. 青藏高原热力作用对北半球气候影响的研究[J]. 中国科学:地球科学,39 (11):1473-1486.

朱士超,郭学良,2015. 华北一次积层混合云微物理和降水特征的数值模拟与飞机观测对比研究[J]. 大气科学,39(2):370-384.

BIGG E K, TURTON E, 1986. Delayed effects of cloud seeding with silver iodide[J]. J Appl Meteor, 25: 1382-1386.

BIGG E K, TURTON E, 1988. Persistent effects of cloud seeding with silver iodide[J]. J Appl Meteor, 27: 505-514

BOE B A, STITH J L, SMITH P L,et al,1992. The North Dakota thunderstorm project:A cooperative study of High Plains thunderstorms[J]. Bull Amet Meteor Soc, 73(2):145-160.

BRUINTJES R T, 1999. A review of cloud seeding experiments to enhance precipitation and some new prospects[J]. Bull Amer Meteor Soc, 80: 805-820.

DEMOTT P J, 1995. Quantita five descriptions of ice formation mechanisms of silver iodide-type aerosols[J]. Atmos Res, 38:63-99.

DESHLER T, REYNOLDS D W, 1990. The persistence of seeding effects in a winter orographic cloud seeded with silver iodide burned in acetone[J]. J Appl Meteorol, 29:477-488.

DESHLER T, REYNOLDS D W, HUGGINS A W, 1990. Physical response of winter orographic clouds over the Sierra Nevada to airborne seeding using dry ice or silver iodide[J]. J Appl Meteor, 29:288-330.

EVANS A G,LOCATELLI J D, STOELINGA M T, et al,2005. The IMPROVE-1 Storm of 1-2 February 2001. Part Ⅱ: Cloud structures and the growth of precipitation[J]. Journal of the Atmospheric Sciences, 62(10):3456-3473.

FARLEY R D, NGUYEN P, ORVILLE H D,1994. Numerical simulation of cloud seeding using a three-dimensional cloud model[J]. J Wea Mod, 26:113-124.

FIELD P R, HOGAN R J, BROWN P R A, et al, 2004. Simultaneous radar and aircraft observations of mixed-phase cloud at the 100 m scale[J]. Quart J Roy Meteor Soc, 130:1877-1904.

FLEISHAUER R P, LARSON V E, VONDER HAAR T H, 2002. Observed microphysical structure of midlevel,mixed-phase clouds[J]. J Atmos Sci, 59:1779-1804.

GARSTANG M, BRUINTJES R, SERAFIN R, et al, 2005. Weather modification: Finding common ground [J]. Bull Amer Meteor Soc, 86: 647-655.

HERZEGH P H, HOBBS P V, 1980. The mesoscale and microscale structure and organization of clouds and precipitation in midlatitude cyclones Ⅱ : Warm-frontal clouds[J]. J Atmos Sci, 37:597-611.

HOBBS P V, MATEJKA T J, HERZEGH P H, et al, 1980. The mesoscale and microscale structure and organization of clouds and precipitation in midlatitude cyclones Ⅰ : A case study of a cold front[J]. J Atmos Sci, 37:568-596.

HOBBS P V, RADKE I R, 1975. The nature of winter clouds and precipitation in Cascade Mountains and their modification by artificial seeding. Part Ⅰ : Techniques for the physical evaluation of seeding[J]. J Appl Meteor, 14:805-818.

HUGGINS A W, RODI A R, 1985. Physical response of convective clouds over the Sierra Nevada to seeding with dry ice[J]. J Climate Appl Meteor, 24:1082-1098.

HUGGINS A W, SASSEN K, 1990. A high altitude ground-based cloud seeding experiment conducted in southern Utah[J]. J Wea Mod, 22:18-29.

KOROLEV A V, ISAAC G A, COBER S G, et al, 2003. Microphysical characterization of mixed-phase clouds[J]. Quart J Roy Meteor Soc, 129:39-65.

KRAUSS T W, BRUINTJES R T, VERLINDE J, 1987. Microphysical and radar observations of seeded and nonseeded continental cumulus clouds[J]. J Appl Meteor, 26(5):585-606.

LAWSON R P, ZUIDEMA P, 2009. Aircraft microphysical and surface-based radar observations of summertime Arctic clouds[J]. J Atmos Sci, 66:3505-3529.

MCFARQUHAR G M, ZHANG G, POELLOT M R, et al, 2007. Ice properties of single-layer stratocumulus during the Mixed-Phase Arctic Cloud Experiment: Ⅰ Observations[J]. J Geophys Res, 112:D24201.

MIELKE P W, BRIER G W, GRANT L O, et al, 1981. A statistical reanalysis of the replicated Climax Ⅰ and Ⅱ wintertime orographic cloud seeding experiments[J]. J Appl Meteor, 20:643-660.

ORVILLE H D, 1996. A review of cloud modeling in weather modification[J]. Bull Amer Meteor Soc, 77: 1535-1555.

PLUMMER D M, MCFARQUHAR G M, RAUBER R M, et al, 2014. Structure and statistical analysis of the microphysical properties of generating cells in the comma head region of continental winter cyclones[J]. Journal of the Atmospheric Sciences, 71(11):4181-4203.

REINKING R F, MEITIN R J, 1989. Recent progress and needs in obtaining physical evidence for weather modification potentials and effects[J]. J Wea Mod, 21:85-93.

REYNOLDS D W, DENNIS A S, 1986. A review of the Sierra Cooperative Pilot Project[J]. Bull Amer Meteor Soc, 67:513-523.

REYNOLDS D W, 1988. A report on winter snowpack-augmentation[J]. Bull Amer Meteor Soc, 69: 1291-1300.

ROSENFELD D, YU X, DAI J, 2005. Satellite-retrieved microstructure of AgI seeding tracks in supercooled layer clouds[J]. J Appl Meteor, 44(6):760-767.

RYAN B F, KING W D, 1997. A critical review of the Australian experience in cloud seeding[J]. Bull Amer Meteor Soc, 78:239-354.

SMITH P I, DENNIS A S, SILVERMAN B A, et al, 1984. HIPLEX-1: Experimental design and response variables[J]. J Appl Meteor, 23 (4):497-512.

STEWART R E, MARWITZ J D, 1982. Microphysical effects of seeding wintertime stratiform clouds near the Sierra Nevada mountains[J]. J Appl Meteor, 21:874-880.

STITH J L, DETWILER A G, REINKING R F, et al, 1990. Investigating mixing and the activation of ice in cumuli with gaseous tracer techniques[J]. J Atmos Res, 25: 195-216.

SUPER A B, BOE B A, 1988. Microphysical effects of wintertime cloud seeding with silver iodide over the

Rocky mountains, Part Ⅲ: Observations over the Grand Mesa, Colorado[J]. J Appl Meteor, 27(10):1166-1182.

SUPER A B, HEIMBACH Jr J A, 1988. Microphysical effects of wintertime cloud seeding with silver iodide over the Rocky mountains, Part Ⅱ: Observations over the Bridger Range, Montana[J]. J Appl Meteor, 27(10):1152-1165.

SUPER A B, 1990. Winter orographic cloud seeding status in the intermountain west[J]. J Wea Mod, 22: 106-116.

VALI G, KOENIG L R, YOKSAS T C, 1988. Estimate of precipitation enhancement potential for the Deuro Basin of Spain[J]. J Appl Meteor, 27: 829-850.

第 2 章　资料及质量控制

本研究主要利用三江源地区飞机探测试验期间的机载云粒子测量系统(Particle Measuring System,PMS)资料。应予以重视的是,PMS 各探头都存在不同程度的误差。只有对各探头所观测资料的适用性和可靠性进行分析,并进行相应的质量控制,才能确保将该资料更好地应用于分析之中。PMS 资料的质量控制具有重要的现实意义。

本章简要介绍了试验观测仪器和资料情况后,主要通过 PMS 系统各探头的误差分析和数据处理,对研究所用的资料的可靠性进行了质量控制,并确定了该地区进入云区的阈值。

2.1　观测仪器和资料简介

2003 年飞机观测试验采用了中国气象科学研究院 2002 年从美国引进的一套 PMS。刘卫国等(2003)对该系统进行了较为详细的介绍。该系统的各个探头分别安装在夏延飞机(Cheyenne-ⅢA)两侧的机翼下部。该飞机在加装 PMS 后最大飞行高度仍可达到 8000 m。在探测试验前,各探头都进行了系统的标定和校准,并进行了试飞。表 2.1 给出了各探头的基本情况。

表 2.1　机载探测设备的基本情况

名称	测量范围	安装位置	用途
FSSP-100 前向散射粒子谱探头	量程 0,2.0～47.0 μm,15 个通道 量程 1,2.0～32.0 μm,15 个通道 量程 2,1.0～16.0 μm,15 个通道	右机翼下方	探测小云粒子
OAP-2D-GA2 二维灰度云粒子探头	25～1550 μm,62 个通道	左机翼下方	探测云、降水粒子及图像
OAP-2D-GB2 二维灰度降水粒子探头	100～6200 μm,62 个通道	左机翼下方	探测降水粒子及图像
King-LWC-5 热线液态含水量仪	0～5 $g \cdot m^{-3}$	左机翼下方	实测云区液态水含量
GPS 全球定位系统	—	天线安装在机舱前部	精确获得探测平台定位信息

2003 年 10 月 11 日探测飞行中所使用的主要仪器为前向散射粒子谱探头 FSSP-100(简称 FSSP)、二维灰度云粒子探头 OAP-2D-GA2 及热线液态含水量仪 King-LWC-5(简称 King)。各探测仪器采样频率为 1 s^{-1}。因云中未出现降水粒子,二维灰度降水粒子探头 OAP-2D-GB2

未观测到有效数据。

FSSP 用于测量尺度较小的云粒子，分四个量程，每个量程内又等分为 15 个测量通道。此次观测采用直径测量范围为 2.0～47.0 μm 的量程，分辨率为 3 μm，FSSP 中值直径 D_i = 3.5～45.5 μm(i=1，…，15)。

FSSP 通过测量穿过采样区的粒子所产生的散射光来获得粒子的尺寸及数目信息。FSSP 的采样区在探头前方中部的采样管中。飞行探测时，气流自采样管前端进入，后部流出，管中采样区的激光束与气流方向相垂直，只有穿越激光束采样区的粒子才有可能被记录。由于激光束边缘的激光强度小于中心的强度，由此产生的边缘效应会造成测量的误差，主要表现在小粒子计数偏多，大粒子计数偏少。为减少这种误差，探头内部系统采用了一种边缘拒绝机制，在这种机制作用下，探头采样时会有一定的接受率，即并非全部通过采样区的粒子都被记录，系统会自动拒绝记录那些穿越采样区时间少于平均穿越时间的粒子，从而可以依此判断粒子是否处于光束的边缘，通过剔除这些不满足条件的粒子来达到减小误差的目的。实际上也就相当于在整个采样区中划出一个有效采样区，在这个有效采样区中激光束是均匀稳定的(刘卫国 等，2003)。

OAP-2D-GA2 是原 OAP-2D-C(量程为 25～800 μm)的扩展型号(仍简称为 2DC)，用于测量云及降水粒子并可获取清晰的实时二维彩色粒子图像资料，测量的粒子直径范围为 25～1550 μm，分为 62 个测量通道，分辨率为 25 μm，2DC 中值直径 D_j=30.12～1550 μm(j=1，…，62)。

2DC 探头与 FSSP 同样采用激光管作为光源。空中探测时，当云中粒子通过采样区时，由于遮挡激光束形成阴影，阴影经过光学系统传送并放大后投射到一组由 64 个完全相同的圆形光敏元件组成的线性阵列上，从而形成粒子的一个影像切片并被存储在缓冲区中。由于粒子通过采样区是需要一定时间的，在这段时间内会形成很多的影像切片，将所有这些切片组合就会得到粒子完整的二维图像。64 个光敏元件中，每个元件对应的尺度为 25 μm，通过计算被阴影遮挡的元件数可得到粒子的尺寸大小；光敏元件被遮挡与否的量化标准定为其面积被遮挡的 50%，等于或高于此标准即认为被遮挡，这样也从一定程度上过滤掉了那些尺度不够的小粒子所产生的阴影对测量的影响。此外，由于粒子的形态各异，其各部位的挡光性并不相同，因此，所形成阴影的“暗度”也不同，为此，系统将图像划分为 3 种不同的灰度等级以供显示，这样就可以从二维图像上得到更多的有关该粒子形态的信息(刘卫国 等，2003)。

King 探头通过恒温热线圈传感器实测云中液态水含量 LWC (Liquid Water Content) (记为 LWC_{King})。正常测量范围为 0～5 g·m^{-3}，相对误差为±15% (King et al.，1985)。探测飞行时对 King 探头进行晴空下的校准是获取精确液态水含量实测值的重要操作规程 (Feind et al.，2000；王柏忠 等，2004)。

2.2 PMS 观测数据的质量控制

对于 FSSP 和 2DC 等一维前向散射、二维光阵探头，其误差来自两方面：粒子尺寸的测量误差和粒子计数的误差(赵增亮 等，2010)。

Coelho 等(2005)的研究表明，新型 FSSP 在粒子浓度小于 500 cm^{-3} 的情况下粒子直径误差可控制在 3%～7%。因此，本研究对 FSSP 的误差未予以考虑。另外，Gardiner 和 Haslett (1985)、Field 等(2003)都在观测中发现，因大冰晶粒子与 FSSP 探头的碰撞破碎，会人为造成小冰晶浓度较大，使 FSSP 在冰云中的探测能力受到一定的影响。此次在高层的冰云中观测时，FSSP 几乎未观测到云粒子。因此，该因素对本研究 FSSP 的观测资料未造成影响。

Korolev 等(1998)曾研究过与本研究同类型号二维光阵探头 OAP-2D-gray 的测量精度，发现该探头对于较小粒子(直径小于 100 μm)有尺寸高估或低估和浓度计数漏测的现象，尤其是对直径 25 μm(最小分辨率)粒子的漏测比例达 70%。Baumgardner 和 Korolev(1997)、Strapp 等(2001)的研究也表明，2DC 在较小粒子段(直径小于 125 μm)的定量化浓度测量方面有一定的误差。因 2DC 第 1 测量通道($D_j=30.12$ μm)的理论测量范围(25～42.5 μm)与 FSSP 第 9～14 测量通道($D_i=27.5,\cdots,42.5$ μm)的测量范围有所重叠。而本次观测中，在 6250 m 高度层以上，FSSP 未能观测到云粒子，但 2DC 探头 $D_j=30.12$ μm 的测量通道内观测到了较高浓度的云粒子，且该浓度量级足够使 FSSP 出现响应。所以，本研究认为，2DC 探头在 $D_j=30.12$ μm 通道内低估粒子尺寸的可能性更大。基于 2DC 上述缺陷的考虑，并参照文献(McFarquhar and Cober，2004；McFarquhar et al.，2007)的资料处理方法，本研究在 FSSP 有观测资料时，将 2DC 的第 1 通道资料舍弃，即取 $D_j \geqslant 54.88$ μm 以上通道数据进行处理。而当 FSSP 已观测不到数据而 2DC 有资料时，或与其他地区 2DC 观测值做比较时，将含 2DC 第 1 通道资料同时列出，以作参考。另外，McFarquhar 等(2007)提到 2DC 对直径 1300 μm 以上的粒子浓度的测量存在着一定的不确定性。本次探测未观测到直径大于 1300 μm 以上的云粒子，该因素对本研究 2DC 的资料未造成影响。

相对于其他机载液态含水量实测仪器，King 探头能提供更精确的实测值(Feind et al.，2000)。Isaac(1991)在加拿大所做的 King 探头与 FSSP 的对比观测结果表明，在 FSSP 所测直径量程内都为液态水的情况下，两者的 LWC 时变曲线几乎完全重合。在美国龙卷风起源检验试验 VORTEX(the Verification of the Origin of Tornadoes Experiment)的研究中，Feind 等(2000)在对流性风暴的观测中发现，King 探头对部分冰晶粒子产生响应，从而会高估云中实际的液态水含量。但 McFarquhar 等(2007)的研究表明，对于主要由过冷水组成的混合相态云中，这种影响很微小。近期的风洞实验测试结果(Strapp，2003)表明，King 探头在粒子直径 50 μm 以下与风洞含水量一致，但在直径 50～200 μm 范围内的测量值只是其实际值的 45%～70%。本研究分析结果表明，三江源地区直径 50 μm 以上的云粒子为冰晶粒子(详见第 4 章)，所以该因素对本研究 King 探头的观测不造成影响。

2.3 微物理量计算

本研究按国内惯用法将总数浓度 N(total number concentration)和平均直径 D_m(mean diameter)简称为浓度和直径，用 N_1 和 D_{m1} 表示 FSSP 所测的浓度和直径，用 N_2 和 D_{m2} 表示 2DC 所测的浓度和直径，用 $N_{2(>50)}$ 和 $D_{m2(>50)}$ 表示 2DC 所测粒径 $D>50$ μm 以上(即 $D_j \geqslant 54.88$ μm，舍弃了 $D_j=30.12$ μm 的资料)粒子的浓度和直径。

对于 FSSP，按如下方法进行计算 (Miles et al.，2000)：

$$N_1 = \sum_{i=1}^{n} n(D_i)\Delta D_i \tag{2.1}$$

$$D_{m1} = \frac{\sum_{i=1}^{n} D_i n(D_i)\Delta D_i}{N_1} \tag{2.2}$$

$$LWC_{FSSP} = \frac{\pi}{6} \times 10^{-6} \rho_1 \sum_{i=1}^{n} D_i^3 n(D_i)\Delta D_i \tag{2.3}$$

其中：N_1（单位：cm^{-3}），D_{m1}（单位：μm）；D_i 为 FSSP 第 i 测量通道的中值直径（单位：μm）；ΔD_i 为每测量通道间隔，$\Delta D_i = 3$ μm；$n(D_i)$为第 i 测量通道的粒子数浓度分布函数（单位：$cm^{-3} \cdot \mu m^{-1}$），$i=1,\cdots,15$，即 $n=15$；ρ_1 为液态水密度（单位：$g \cdot cm^{-3}$）；LWC_{FSSP} 为由 FSSP 计算所得的液态含水量（单位：$g \cdot cm^{-3}$），即将 FSSP 量程内所观测到的云粒子假定为球形液滴。

对于 2DC 浓度 N_2（单位：L^{-1}）和直径 D_{m2}（单位：μm），类同式（2.1）和式（2.2）处理。其粒子数浓度分布函数 $n(D_j)$单位为 $L^{-1} \cdot \mu m^{-1}$，$j=1,\cdots,62$。在第 17～62 测量通道 $\Delta D_j = 25$ μm，在 1～16 测量通道 $\Delta D_j \approx 25$ μm。当取浓度 $N_{(>50)}$ 及平均直径 $D_{m(>50)}$ 时，即取 $j=2,\cdots,62$。

云滴是在一定的过饱和条件下经过凝结核化产生凝结增长而形成的水滴（游来光，1994）。云滴有效半径 r_{ew}（effective radius of water droplets）的表达式（Martin et al.，1994；McFarquhar and Heymsfield，1996，1998；Miles et al.，2000）为：

$$r_{ew} = \frac{\sum_{i=1}^{n} n_i \left(\frac{D_i}{2}\right)^3 \Delta D_i}{\sum_{i=1}^{n} n_i \left(\frac{D_i}{2}\right)^2 \Delta D_i} \tag{2.4}$$

冰相含水量 IWC（Ice Water Content）可以用 PMS 各探头所测冰相粒子的数浓度分布函数及中值直径间接计算（游来光，1989；Brown and Francis，1995；Mitchell，1996；Heymsfield et al.，2002；McFarquhar et al.，2007），

$$IWC = \sum_{j=1}^{m} a D_j^b n(D_j)\Delta D_j \tag{2.5}$$

其中，a、b 分别为经验回归系数。

2.4 云的界定

有关云的界定，即判定是否进入云区的阈值。Hobbs 将 FSSP 观测到的云中大于 2 μm 的粒子总浓度超过 10 cm^{-3} 时看作是云水区（游来光，1994；黄梦宇 等，2005）。樊曙先（2000）根据宁夏层状云的特点将含水量为 10^{-3} $g \cdot m^{-3}$ 作为降水云区阈值。李照荣等（2003）的观测结果表明，在甘肃中北部秋季层状云系中，由逆温引起的干层内，云滴浓度在 0.1 cm^{-3} 以下，含水量的量级在 10^{-4} $g \cdot m^{-3}$ 以下。黄梦宇等（2005）以含水量大于 10^{-4} $g \cdot m^{-3}$ 且云粒子浓度大于 10 cm^{-3} 为阈值确定云区。Cober 等（2001）、McFarquhar 和 Cober（2004）用大量的飞机

观测资料分析界定云，对冰云的界定为图像上已看不到冰晶且冰晶浓度小于 0.1 L^{-1}。

本研究根据三江源地区飞机宏观观测的实际情况，并参照文献的结果（Cober et al.，2001；李照荣 等，2003；McFarquhar and Cober，2004；张瑜 等，2012；秦彦硕 等，2017；陆春松 等，2021)，在混合相态云中以 LWC_{FSSP} 大于 10^{-3} g·m^{-3} 为阈值，在冰云中以 N_2 大于 0.1 L^{-1} 为阈值。

参考文献

樊曙先，2000. 层状云微物理结构演变特征的个例研究[J]. 宁夏大学学报（自然科学版），21(2)：179-182.

黄梦宇，赵春生，周广强，等，2005. 华北地区层状云微物理特性及气溶胶对云的影响[J]. 南京气象学院学报，28(3)：360-368.

李照荣，李荣庆，李宝梓，2003. 兰州地区秋季层状云垂直微物理特征分析[J]. 高原气象，22(6)：583-589.

刘卫国，苏正军，王广河，等，2003. 新一代机载 PMS 粒子测量系统及应用[J]. 应用气象学报，14(增刊)：11-18.

陆春松，薛宇琦，朱磊，等，2021. 基于层积云飞机观测资料评估气溶胶间接效应[J]. 大气科学学报，44(2)：279-289.

秦彦硕，蔡淼，刘世玺，等，2017. 华北秋季一次低槽冷锋积层混合云宏微物理特征与催化响应分析[J]. 气象学报，75(5)：835-849.

王柏忠，刘卫国，王广河，等，2004. KLWC-5 含水量仪原理及在人工增雨中的应用[J]. 气象科技，32(4)：294-296.

游来光，王守荣，王鼎丰，等，1989. 新疆冬季降雪微结构及其增长过程的初步研究[J]. 气象学报，47(1) 73-81.

游来光，1994. 利用粒子测量系统研究云物理过程和人工增雨条件[C]//游景炎，段英，游来光. 云降水物理和人工增雨技术研究. 北京：气象出版社：236-249.

张瑜，银燕，石立新，等，2012. 2007 年秋季河北地区云微物理结构的飞机探测分析[J]. 高原气象，31(2)：530-537.

赵增亮，毛节泰，魏强，等，2010. 西北地区春季云系的垂直结构特征飞机观测统计分析[J]. 气象，36(5)：71-77.

BAUMGARDNER D，KOROLEV A，1997. Airspeed corrections for optical array probe sample volumes[J]. J Atmos Oceanic Technol，14：1224-1229.

BROWN P R A，FRANCIS P N，1995. Improved measurements of ice water content in cirrus using a total-water probe[J]. J Atmos Oceanic Technol，12：410-414.

COBER S G，ISAAC A I，KOROLEV A V，et al，2001. Assessing cloud-phase conditions[J]. J Appl Meteor，40：1967-1983.

COELHO A A，BRENGUIER J L，PERRIN T，2005. Droplet spectra measurements with the FSSP-100. Part Ⅱ：Coincidence effects[J]. J Atmos Oceanic Technol，22：1756-1761.

FEIND R E，DETWILER A G，SMITH P L，2000. Cloud liquid water measurements on the armored T-29：Intercomparison between Johnson-Williams cloud water meter and CSIRO (King) liquid water probe[J]. J Atmos Oceanic Technol，17：1630-1638.

FIELD P R，WOOD R，BROWN P R A，et al，2003. Ice particle inter-arrival times measured with a fast FSSP[J]. J Atmos Oceanic Technol，20：249-261.

GARDINER B A，HALLETT J，1985. Degradation of in-cloud forward scattering spectrometer probe measurements in the presence of ice particles[J]. J Atmos Oceanic Technol, 2:171-180.

HEYMSFIELD A J, LEWIS S, BANSEMER A, et al, 2002. A general approach for deriving the properties of cirrus and stratiform ice cloud properties[J]. J Atmos Sci, 59:3-29.

ISAAC G A, 1991. Microphysical characteristics of Canadian Atlantic storms[J]. Atmos Res, 26:339-360.

KING W D, DYE J E, BAUMGARDNER D, et al, 1985. Icing wind tunnel tests on the CSIRO liquid water probe [J]. J Atmos Oceanic Technol, 2:340-352.

KOROLEV A V, STRAPP J W, ISAAC G A, 1998. Evaluation of the accuracy of PMS optical array probes [J]. J Atmos Oceanic Technol, 15:708-720.

MARTIN G M, JOHNSON D W, SPICE A, 1994. The measurement and parameterization of effective radius of droplets in warm stratocumulus clouds[J]. J Atmos Sci, 51:1823-1842.

MCFARQUHAR G M, COBER S G, 2004. Single-scattering properties of mixed-phase Arctic clouds at solar wavelengths: Impacts on radiative transfer[J]. J Clim, 17:3799-3813.

MCFARQUHAR G M, HEYMSFIELD A J, 1996. Microphysical characteristics of three cirrus anvils sampled during the Central Equatorial Pacific Experiment (CEPEX) [J]. J Atmos Sci, 53:2401-2423.

MCFARQUHAR G M, HEYMSFIELD A J, 1998. The definition and significance of an effective radius for ice clouds [J]. J Atmos Sci, 55:2039-2052.

MCFARQUHAR G M, ZHANG G, POELLOT M R, et al, 2007. Ice properties of single-layer stratocumulus during the Mixed-Phase Arctic Cloud Experiment: Ⅰ. Observations[J]. J Geophys Res, 112:D24201.

MILES N L, VERLINDE J, CLOTHIAUX E E, 2000. Cloud droplet size distributions in low-level stratiform Clouds[J]. J Atmos Sci, 57:295-311.

MITCHELL D L, 1996. Use of mass- and area-dimensional power laws for determining precipitation particle terminal velocities[J]. J Atmos Sci, 53:1710-1723.

STRAPP J W, ALBERS F, REUTER A, et al, 2001. Laboratory measurements of the response of a PMS OAP-2DC[J]. J Atmos Oceanic Technol, 18:1150-1170.

STRAPP J W, OLDENBURG J, IDE R, et al, 2003. Wind tunnel measurements of the response of hot-wire liquid water content instruments to large droplets[J]. J Atmos Oceanic Technol, 20:791-806.

第 3 章　三江源秋季典型多层层状云系的微物理特性

层状云系的形成过程与大范围有规则的上升气流运动或大范围不规则的扰动有关，前一种形成锋面云系，包括卷云、卷层云、高层云、雨层云等（Ci—Cs—As—Ns），自上而下由冰晶、冰晶和过冷水滴、水滴所组成；后一种云系包括高积云、层积云、层云等（Ac—Sc—St）等。

在东亚和印度季风驱动下的西南暖湿气流是三江源地区空中主要的水汽来源（李生辰 等，2009）。高空冷槽给青藏高原带来的冷空气活动是造成三江源东部地区秋季降水的主要天气系统（章新平和姚檀栋，1995）。随之产生的冷锋云系及层积云（Sc）、高层云（As）等层状云在三江源地区出现频率较高（赵仕雄 等，2003），是实施飞机人工增雨作业试验的主要目标云。

根据云系的宏观特征进行有针对性的航线设计，对云系中那些有代表性的部位或层次做细致的观测十分重要（游来光，1994）。但由于飞机观测受到多方面的限制，国内类似探测的个例及研究工作尚不多见（王扬锋 等，2007；居丽玲 等，2011；张佃国 等，2011）。

2003 年 10 月 11 日的飞机观测中，以“分层巡回垂直探测”法进行了较为细致的 PMS 探测。本章主要利用 2003 年 10 月 11 日进行飞机分层巡回探测的 PMS 资料，针对三江源地区这一典型天气系统影响产生的多层层状云系，分析各云层高度层的云粒子浓度、尺度和含水量的垂直分布和水平分布特征，并与中国北方其他地区相同或类似云层的观测结果比较，以研究其地区特性。

云中液态过冷水含量是极为重要的大气物理参数，在人工影响天气领域特别受到关注（雷恒池 等，2008）。区分混合云中的液态水和冰相粒子，同时对预测降水系统的演变、数值模式的参数化、大气辐射影响等方面都有重要意义（Field et al.，2004）。游来光（1994）曾指出：PMS 任一探头所测粒子都可能包含有多种模态的粒子群，根据二维图像资料可从粒子的形态上判别粒子的相态，但粒子的尺度一般要大于 150～200 μm，且利用一维前向散射探头观测的粒子谱在鉴别粒子相态上还带有很大的不确定性，需结合其他信息做综合判断，因此，对大量的尺度较小的粒子的相态鉴别至今尚未完全解决。国内在这方面的研究一直较为缺乏。同时，云内各种水成物的粒子谱是微物理过程综合作用的结果，包含了大量云粒子转化、增长和降水产生的相关信息（杨洁帆 等，2010）。通过对云系不同高度层及云层云粒子谱的分析，将有利于了解云粒子增长的微物理机制，为人工增雨作业条件的判断提供依据。

基于以上两方面的目的，本章利用 2003 年三江源地区飞机探测试验的 PMS 观测资料，对该地区秋季多层层状云系中各云层的水平微物理特性进行分析，并提出新的综合判断方法，判别不同云层云粒子的相态。

3.1 天气形势和分层探测飞行概况

2003 年 10 月 11—13 日，受东移冷空气与西南暖湿气流的共同作用，三江源东部地区出现了连日阴雨天气。2003 年 10 月 11 日 08:00（北京时，下同）500 hPa 高空，贝加尔湖—巴尔喀什湖—帕米尔高原为深厚的冷低压槽，受此分裂冷空气影响，三江源北部有小槽形成。另外，三江源西部也有低槽存在。三江源地区处在南支槽前的西南气流中，上空湿度较大，水汽供应条件较好。2003 年 10 月 11 日 20:00（图略）受分裂小股冷空气影响，三江源东部有小波动存在。10 月 12 日 20:00 低槽东移到银川—西宁—达日一带，三江源东部地区降水继续维持。10 月 13 日，随着低槽东移出三江源地区，连阴雨天气结束。

探测试验区内河南站 10 月 11 日 08:00 地面观测云状为蔽光层积云（Scop），并在上午出现了零星降水，14:00 的云状为透光层积云（Sctra）；泽库站 14:00 云状为蔽光高层云（Asop）。

2003 年 10 月 11 日下午飞行探测的云系为典型的冷锋降水云系。由气象卫星红外云图（图 3.1）可以清晰地看到，试验区上空云带走向与 500 hPa 槽线相一致，云系发展连续。对比 2003 年 10 月 11 日 15:00（图 3.1a）和 16:00（图 3.1b）两个时次云图，可见试验区上空云系逐渐由松散、亮度不均匀的片状云系转为均匀的片状云系，且云量逐渐增加。至 2003 年 10 月 11 日 16:00，试验区上空有较为明显的亮温梯度，表明云系逐步演化为以低云为主的、较为稠密的多层层状云系。

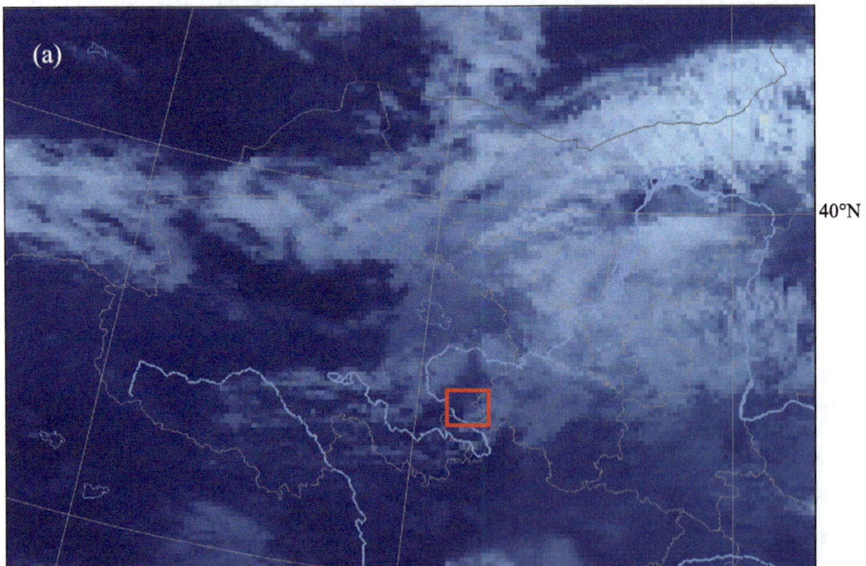

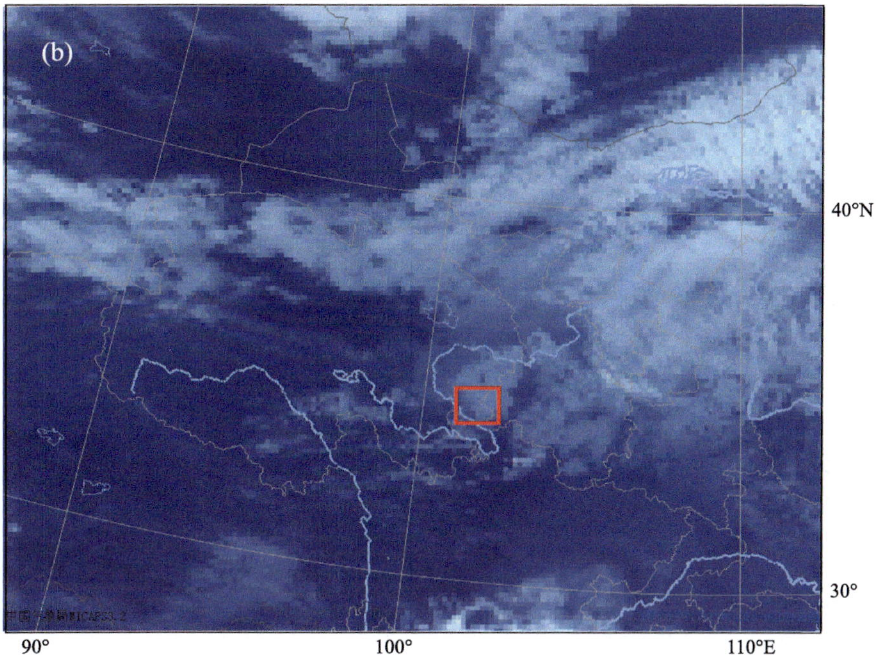

图 3.1　2003 年 10 月 11 日气象卫星红外云图

(a)15:00,(b)16:00

2003 年 10 月 11 日 14:47 探测飞机从西宁机场起飞,抵达试验区上空后,在河南站西北约 20 km、泽库站西南约 25 km 的上空实施分层巡回垂直探测飞行。图 3.2 给出了垂直探测飞行时全球定位系统(Globe Positioning System,GPS)测量的三维飞行航迹和高度图。15:33 飞机爬升至海拔高度(H)7800 m,在完成第一层平飞探测后,盘旋下降至始航点开始第二层的平飞探测,到折返点后盘旋垂直下降至第三层始航点,继续开始第三层的平飞探测,重复上述分层垂直探测直至安全高度 5200 m。飞机共平飞探测 6 层,每层高度间距约 500 m,每层平飞探测距离约 40 km,探测飞行共耗时约 1 h。随后飞机爬升高度实施作业试验后返航。

垂直探测结束约 60 min 后,河南站开始出现降水,降水时段为 17:40—18:27,降水量为 1.6 mm。20:00 河南站云状转为鬃积雨云(Cbcap),并在 20:00 至次日凌晨出现降水(霰、雪),降水量为 5.1 mm(积雪深度 1.0 cm)。临近的泽库站 20:00 云状也转为 Cbcap,并出现间歇性降水,降水量为 2.2 mm。

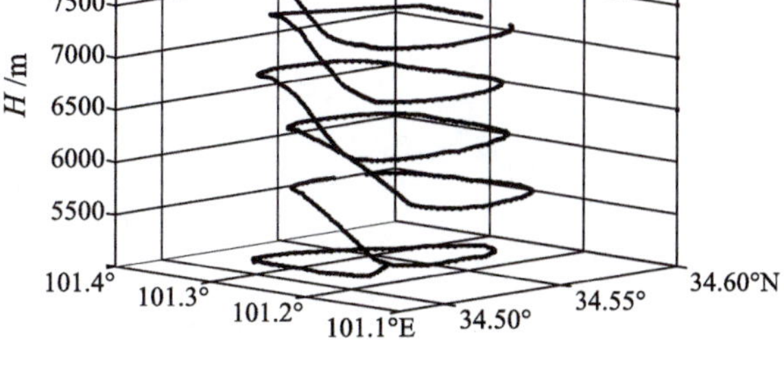

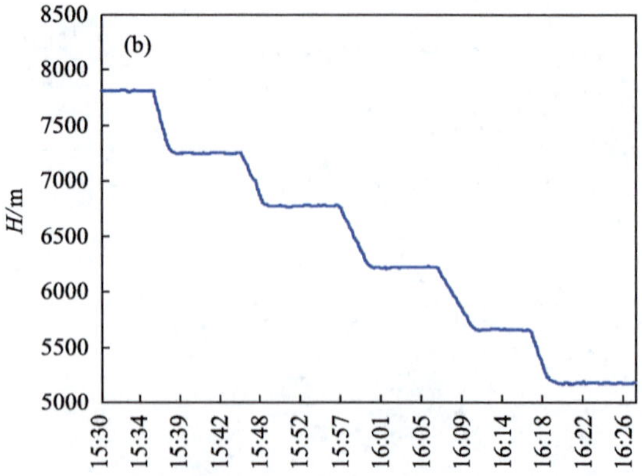

图 3.2　分层巡回垂直探测飞行的 GPS 航迹
(a)三维飞行图,(b)飞行高度图

3.2　云系宏观结构特征

3.2.1　云系垂直结构特征

图 3.3 给出了云层垂直分布的示意图及云层图像。飞行宏观观测记录显示:该云系的垂直配置为卷层云—高层云—层积云(Cs—As—Sc),共分 4 层,中间明显存在 3 层干层。在 7800 m 高度处有一稀薄的 Cs,目测估计厚 100～200 m,外形呈丝缕状。6800～7300 m 和 5700～6250 m

图 3.3　分层巡回垂直探测飞行时的云系垂直结构示意图和图像

高度范围内分别有两层 As，中间有约 500 m 的干层。上层 As 云体较松散，而下层 As 范围较大，但主云体很薄(厚约 200 m)，云体中时有对流泡高高耸立，高度达 200～300 m。在下层 As 云底部时飞机开始颠簸，且前窗及机翼有积冰出现，表明云中有不稳定气流影响并有丰富的液态过冷水存在。约 5400 m 高度层以下为大范围的 Sc 云团。平飞期间分别穿越了 2 个 Sc 云团，云团云体较为密实，但云团之间间隙明显，通过云隙隐约可见地面，目测估计 Sc 云底在约 5000 m 处，Sc 厚约 400 m。云团内温度比云隙间温度低 1.3～2.0 ℃，飞机时有颠簸，前窗仍有积冰存在。

表 3.1 列出了各层平飞探测时的时间段、云层位置、高度层及温度。由表 3.1 可见，位于云系最底部的 Sc 中温度变化幅度较大，其他各层内的温度波动幅度均未超过 1.5 ℃。

图 3.4 给出了温度随海拔高度的变化廓线。整个云系在 0 ℃层以上没有明显的逆温出现。这有利于底层云层间水汽的输送和冰相粒子的进一步循环长大，有利于云层的汇合及云系的进一步发展。温度变化线性拟合的判定系数 $R^2=0.98$，通过 $\alpha=0.01$ 的显著性水平检验，表明温度与高度线性相关性显著，各高度层基本上可以代表相应的温度层。5200～7800 m 的平均温度梯度 $\overline{\Gamma}=-\Delta T/\Delta H=0.64$ ℃·(100 m)$^{-1}$。

表 3.1　分层平飞探测时间段、云层位置、海拔高度和温度

平飞探测时间段	云层位置	高度层(海拔高度)/m	温度/℃	平均温度及标准差/℃
15:33:05—15:36:16	Cs	7800	−20.0～−18.7	−19.4±0.3
15:38:01—15:46:37	上层 As 顶部	7300	−17.5～−16.0	−16.8±0.4
15:48:52—15:56:48	上层 As 底部	6800	−15.3～−14.0	−14.6±0.3
15:59:43—16:06:34	下层 As 顶部(对流泡顶)	6250	−12.0～−11.1	−11.6±0.2
16:10:39—16:16:45	下层 As 底部	5700	−8.0～−6.6	−7.2±0.3
16:19:10—16:28:17	Sc 中下部	5200	−5.5～−1.7	−3.5±0.9

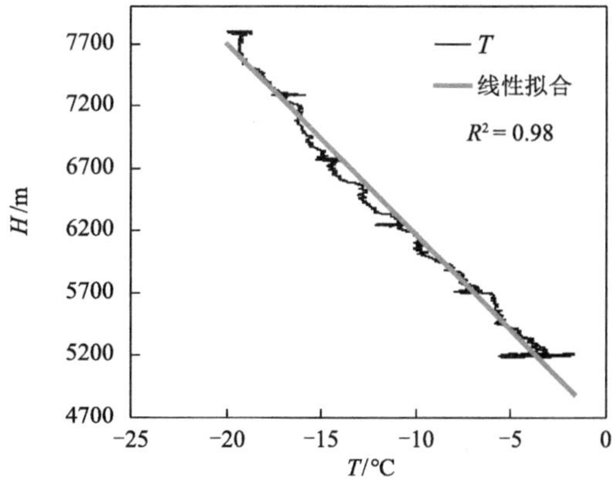

图 3.4　分层巡回垂直探测时的温度 T 随海拔高度 H 的变化

3.2.2　云粒子浓度、直径和含水量的垂直分布

图 3.5 给出了云系垂直结构示意图和分层巡回垂直探测时 FSSP、2DC(D>50 μm)、King 探头观测值随高度(温度)的分布图。表 3.2、表 3.3 分别列出了各高度层云中 FSSP 和 King

探头、2DC 探头观测值的统计特征值(统计时间段见表 3.1)。

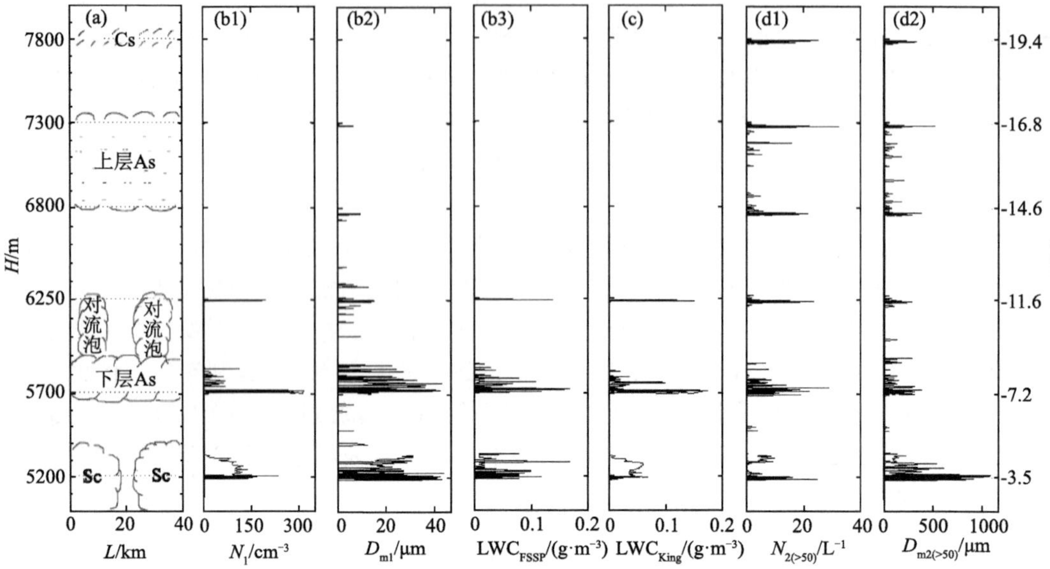

图 3.5　分层巡回垂直探测飞行时的云系垂直结构示意图(a)和云微物理量随海拔高度的垂直分布图(b1—b3、c、d1—d3):(b1—b3)FSSP 浓度 N_1、直径 D_{m1} 和液态含水量 LWC_{FSSP};(c)King 探头实测液态含水量 LWC_{King};(d1,d2)2DC($D>50$ μm)浓度 $N_{2(>50)}$ 和直径 $D_{m2(>50)}$

表 3.2　FSSP 和 King 探头在各平飞高度层观测的云微物理量统计表

高度层 /m	$\overline{N}_1$ /cm^{-3}	N_{1_max} /cm^{-3}	$\overline{D}_{m1}$ /μm	D_{m1} /μm	$\overline{LWC}_{FSSP}$ /(g·m^{-3})	LWC_{FSSP_max} /(g·m^{-3})	$\overline{LWC}_{King}$ /(g·m^{-3})	LWC_{King_max} /(g·m^{-3})
6250	44.6	192	10.7	5.7～12.2	0.034	0.144	0.041	0.151
5700	148.2	312	8.6	5.1～42.5	0.078	0.201	0.069	0.174
5200	47.3	230	13.7	4.0～42.5	0.018	0.114	0.015	0.068

注:$\overline{N}_1$ 和 N_{1_max} 为 FSSP 浓度的平均值和最大值;$\overline{D}_{m1}$ 为 FSSP 直径 D_{m1} 的平均值;$\overline{LWC}_{FSSP}$ 和 LWC_{FSSP_max} 为 FSSP 计算含水量的平均值和最大值;$\overline{LWC}_{King}$ 和 LWC_{King_max} 为 King 热线液态含水量仪所测液态含水量的平均值和最大值。

表 3.3　2DC 探头在各平飞高度层观测的云微物理量统计表

高度层 /m	$\overline{N}_{2(>50)}$ /L^{-1}	$N_{2(>50)\_max}$ /L^{-1}	$\overline{D}_{m2(>50)}$ /μm	$D_{m2(>50)\_max}$ /μm	$\overline{N}_2$ /L^{-1}	N_{2_max} /L^{-1}	$\overline{D}_{m2}$ /μm	D_{m2_max} /μm
7800	6.7	25.2	91.3	326.0	166.8	557.3	33.1	99.2
7300	6.1	32.4	88.0	310.0	124.2	480.4	35.9	178.3
6800	5.3	21.5	87.2	275.3	91.2	320.3	38.4	202.9
6250	4.5	23.6	84.1	178.3	42.0	190.1	53.5	178.0
5700	4.3	22.0	98.5	350.6	37.6	299.5	57.6	350.6
5200	3.1	24.8	216.4	1038.3	28.8	169.9	121.0	1205.0

注:$\overline{N}_{2(>50)}$ 和 $N_{2(>50)\_max}$ 为 2DC ($D>50$ μm)浓度的平均值和最大值;$\overline{D}_{m2(>50)}$ 和 $D_{m2(>50)\_max}$ 为 2DC($D>50$ μm)所测直径的平均值和最大值;$\overline{N}_2$ 和 N_{2_max} 为 2DC 浓度的平均值和最大值;$\overline{D}_{m2}$ 和 D_{m2_max} 为 2DC 直径的平均值和最大值。

由图 3.5 可见，FSSP 在 Cs 和上层 As 中几乎未观测到云粒子(图 3.6b1、b2 和 b3)，表明这两层云中已基本没有直径小于 47 μm 的云粒子存在；King 探头也未观测到液态过冷水(图 3.6c)。上层 As 中，2DC 观测的云粒子(D>50 μm)基本连续垂直分布；下层 As 中，因其云顶实际上为云中发展起来的对流泡顶，盘旋下降期间绕飞对流泡，所以下降直至进入主体云层期间 FSSP、2DC 及 King 探头均未观测到有效资料。

由图 3.6b1、b2、b3 和 c，并结合表 3.2 可见，在对流泡顶 FSSP 观测到有浓度较高而直径较小的云粒子存在，但 LWC_{FSSP} 和 LWC_{King} 均有较大值出现；下层 As 云底有高浓度的云粒子广泛分布，D_{m1} 基本覆盖了 FSSP 量程，LWC_{FSSP} 和 LWC_{King} 也出现较大值；Sc 中下部 D_{m1} 也基本覆盖了 FSSP 量程，但 N_1、LWC_{FSSP} 及 LWC_{King} 明显小于下层 As 底部。由各平飞层的统计值(表 3.2)可见，$\overline{N}_1$ 及 N_{1_max}、$\overline{LWC}_{FSSP}$ 及 LWC_{FSSP_max}、$\overline{LWC}_{King}$ 及 LWC_{King_max}在下层 As 云底最大，而 $\overline{D}_{m1}$ 在下层 As 云底中最小。在 5700～5900 m、5200～5400 m 两次的云中下降观测中，LWC_{FSSP} 值与 LWC_{King} 的垂直分布存在一定的差异。比较明显的是进入 Sc(约 5400 m)后，随着高度降低，N_1 增大，D_{m1} 由 30 μm 开始减小，LWC_{FSSP} 值有所减小，但 LWC_{King} 值却有所增大，趋势相反，且明显小于 LWC_{FSSP}。表明 LWC_{King} 可能是只有 FSSP 量程内一定直径范围内的云粒子浓度决定的，这在本研究第 4 章中以大量的水平观测资料做进一步分析和验证。

由图 3.5d1 和 d2 可见，在 Cs 和上层 As 中 2DC(D>50 μm)观测到有浓度较高而直径较小的粒子存在，且在上层 As 云顶至云底之间有直径较小的云粒子连续垂直分布。盘旋下降进入下层 As 主云体后，有直径较小、浓度较低的云粒子连续分布。进入 Sc 后，浓度有所减小，但直径明显增大。比较 2DC(D>50 μm)在各层的统计值(表 3.3)可见，$\overline{N}_{2(>50)}$ 从最顶端的 Cs 由上而下依次递减，在 Sc 为最低值，约为 Cs 的一半。$N_{2(>50)\_max}$ 无明显变化趋势。而 $\overline{D}_{m2(>50)}$ 依次递增，并在 Sc 中迅速增大，跃增至 216.4 μm，为 Cs 的 2.3 倍，且 $D_{m2(>50)\_max}$ 达 1038.3 μm，即位于云系最底层的 Sc 中云粒子尺寸及谱宽最大。N_2、D_{m2} 与 $N_{2(>50)}$、$D_{m2(>50)}$ 差异很大，但 $\overline{N}_2$ 与 $\overline{N}_{2(>50)}$、$\overline{D}_{m2}$ 与 $\overline{D}_{m2(>50)}$ 的垂直变化趋势一致。

3.2.3 与中国北方其他地区观测结果的比较

2003 年 10 月 11 日下午进行飞行探测的云系为典型的冷锋降水云系。在中国北方其他地区，甘肃(李照荣 等，2003)、宁夏(樊曙先，2000)、河北(杨文霞 等，2005)、北京(张佃国 等，2007)、北京(范烨 等，2010)、山东(张佃国 等，2011)和青海东北部(李仑格和德力格尔，2001)等地区也曾观测过冷锋降水云系，本研究将下层 As 及 Sc 中 FSSP 和 2DC 的观测值，与这些地区位于过冷层中的、相同或类似云型的探测结果做一比较，由表 3.4 列出。N_2、D_{m2} 为含 2DC 第 1 通道资料的浓度和直径。

三江源地区是一个特殊的天气地带，水汽充沛，降水频繁(赵仕雄 等，2003)。由表 3.4 可见，该地区 As 和 Sc 的 FSSP 所测浓度的平均值 $\overline{N}_1$ 明显高于甘肃、宁夏及青海东北部等典型内陆地区的层状云系，但低于山东等沿海地区，与北京、河北等地较为接近。FSSP 所测直径的平均值 $\overline{D}_{m1}$ 较北方大部分地区偏高。As 中 FSSP 所测含水量的平均值 $\overline{LWC}_{FSSP}$ 除比 2003 年北京观测结果明显较小外，较其他地区偏高。2DC 所测浓度的平均值 $\overline{N}_2$ 与甘肃较为接近，

表 3.4　中国北方冷锋层状云系过冷混合层中 As 和 Sc 微物理量统计值的比较表

地区	观测时间	云型	$\overline{N}_1$ /cm^{-3}	N_{1_max} /cm^{-3}	$\overline{D}_{m1}$ /μm	$\overline{LWC}_{FSSP}$ /(g·m^{-3})	LWC_{FSSP_max} /(g·m^{-3})	$\overline{N}_2$ /L^{-1}	N_{2_max} /L^{-1}	$\overline{D}_{m2}$ /μm	D_{m2_max} /μm
甘肃（李照荣 等，2003）	2001 年 9 月—10 月	Sc，As	20	88	4.6	0.003	0.045	36.34	339.5	103	—
宁夏（樊曙先，2000）	1994 年 6 月	层状云	12.6	676	6.85	—	0.179	—	—	—	—
河北（杨文霞 等，2005）	1992 年 6 月	Sc	63.8	—	9.7	0.047	—	9.65	—	274.62	—
北京（张佃国 等，2007）	2003 年 8 月	Sc	36.5～54.0	120～144	8.22～16.05	0.213	0.393	0.358	1.525	243.13	579.5
	2003 年 9 月	层状云	63.3	183	7.22	0.117	0.193	0.366	3.78	195.50	1325
北京（范烨 等，2010）	2004 年 8 月 12 日	Sc	0～30	—	3～17	0.02	0.26	0.3	15	206	658
山东（张佃国 等，2011）	2008 年 10 月 5 日	层状云	280	888	4.5	—	0.18	—	406	—	345
青海东北部（李仑格和德力格尔，2001）	1995 年—1997 年春季	Sc	0.2	—	13	0.01	—	—	—	—	—
		As	6	—	20	0.04	—	—	—	—	—
三江源	2003 年 10 月 11 日	Sc	47	230	13.7	0.018	0.115	28.8	169.9	121.0	1205.0
		As	148	312	8.6	0.078	0.201	37.6	299.5	57.6	350.6

2DC 所测直径的平均值 $\overline{D}_{m2}$ 较其他地区偏小，但 Sc 中 2DC 所测直径的最大值 D_{m2_max} 明显高于北方其他地区，表明三江源地区 Sc 云粒子谱宽较宽。以上比较结果表明，三江源地区过冷混合层中的 As 和 Sc 相对于中国北方其他地区具有较为明显的地区特征。

3.3　各高度层云粒子水平分布特征和相态的判定

3.3.1　层积云

(1) Sc 云微物理量水平分布的基本特征

图 3.6 给出了 2003 年 10 月 11 日 16:19:10—16:28:17 在 Sc 中下部平飞时 FSSP 和 2DC ($D>50$ μm)观测的粒子浓度、直径、瞬时谱、FSSP 所测含水量 LWC_{FSSP}、二维粒子图像及 King 探头观测液态含水量值 LWC_{King}。

由图 3.6a 可见，首先，2 个 Sc 云团(1～187 s、422～547 s)中 FSSP 所测云粒子浓度 N_1 和直径 D_{m1} 的水平分布均差异较大。浓度在高值区与低值区相差 3～4 个量级，N_1 最大值可达 200 cm^{-3} 以上。D_{m1} 在 FSSP 的量程内均有分布。其次，FSSP 观测的浓度对数值与直径有着明显的反相关性，高浓度区对应高 LWC_{FSSP} 区(图 3.6a、b)。在 2 个云团内，当 N_1 在 10～50 cm^{-3} 以上时，D_{m1} 总是分别集中在 6～9 μm、6～11 μm 范围内，与之相对应，在图 3.6b 中有明显的高 LWC_{FSSP} 区出现(G1～G7 区)。而当 N_1 小于 1 cm^{-3} 时，D_{m1} 分布比较分散，且 D_{m1} 值较大，在图 3.6b 中基本上没有高过冷水区出现。显然，在 FSSP 所测的较大云粒子浓度比较小云粒子的浓度要小 3 个量级以上的情况下，含水量 LWC_{FSSP} 主要是由云粒子浓度决定。云隙间(188～421 s)只有零散的云粒子存在，N_1 基本上在 0.1 cm^{-3} 以下，LWC_{FSSP} 小于 5×10^{-4} $g\cdot m^{-3}$。

由图 3.6d 可见，2 个 Sc 云团内 2DC 观测的云粒子浓度 $N_{2(>50)}$ 没有特别明显的高、低值区，$N_{2(>50)}$ 主要集中在 0.1～10 L^{-1} 范围内。$D_{m2(>50)}$ 分布也较为松散，主要集中在 54.88～300 μm 范围内，最大直径在 1000 μm 以上。云隙间有浓度较高的、直径小于约 200 μm 以下的云粒子零散存在。

相对于 FSSP、2DC 所测的云粒子浓度和直径，其瞬时谱(图 3.6c、e)能更全面地提供云粒子在各测量通道内的分布及实时变化信息。综合云粒子瞬时谱、2DC 图像、浓度及直径的变化，进一步分析云粒子的相态和高过冷水区的微物理特性。

(2)Sc 云粒子相态的判定

①Sc 云 2DC 量程内云粒子相态的判别

对于可辨别的 2DC 图像的分类，Korolev 和 Sussman(2000)将 2DC 图像的形状按尺度大小分为 4 大类：球形、不规则形、针状(含柱状冰晶)、枝状。张佃国等(2007)将可能由冰晶或雪晶凇附过冷水产生的较大尺度非球形粒子称为冰雪晶结凇体。范烨等(2010)将可能由冰晶与雪晶之间碰并形成的、形状不规则的较大尺度冰相粒子称为冰雪晶聚合体。

McFarquhar 和 Heymsfield(1996)利用 2DC 图像的灰度投影面积比 AR(Area Ratio)来判定粒径 $D>125$ μm 云粒子的相态，并提出一指标：液态云粒子的 AR>0.8。有关检验也表

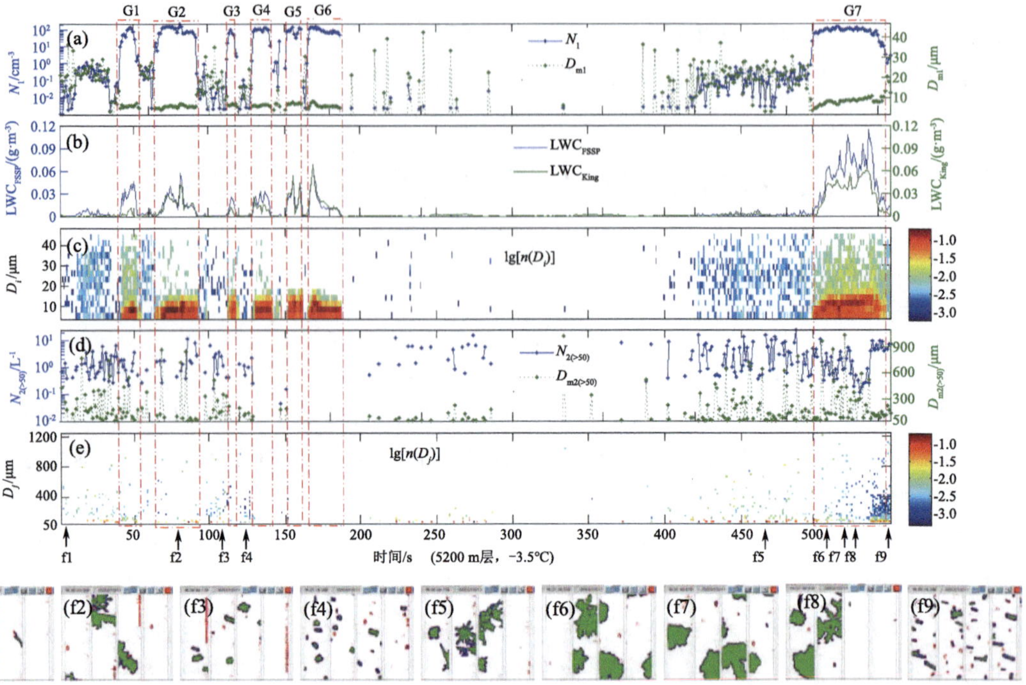

图 3.6 Sc 中下部的 FSSP 浓度 N_1 和直径 D_{m1}(a)、LWC_{FSSP} 和 LWC_{King}(b)、FSSP 瞬时谱(单位:$cm^{-3}\cdot\mu m^{-1}$)(c)、2DC($D>50\ \mu m$)浓度 $N_{2(>50)}$ 和直径 $D_{m2(>50)}$(d)、2DC($D>50\ \mu m$)瞬时谱(单位:$L^{-1}\cdot\mu m^{-1}$)随时间的水平分布图(e);(f1—f9)为不同时刻的 2DC 粒子图像:(f1)第 3 s,(f2)第 84 s,(f3)第 109 s,(f4)第 127 s,(f5)第 465 s,(f6)第 507 s,(f7)第 514 s,(f8)第 521 s,(f9)第 545 s(初始时刻为 16:19:10)

明以 AR 来判定 $D>125\ \mu m$ 云粒子相态的可信度达 93%以上(McFarquhar et al.,2007)。而对于 $53<D<125\ \mu m$ 的云粒子,McFarquhar 等(2007)在美国 M-PACE 试验的研究中提出在降水中不出现毛毛雨的情况下,可以以 2DC 图像是否为非球形来判定云粒子是否为冰晶。

由 Sc 中下部 2DC 图像资料(图 3.6f1—f9)可见,$D>125\ \mu m$ 的云粒子为不规则形冰晶、柱状冰晶、枝状冰晶及冰雪晶聚合体和冰雪晶结凇体等。由 McFarquhar 等(2007)提出的判断方法再考察 $53\ \mu m<D<125\ \mu m$ 范围内的粒子形状,未发现球形粒子存在,由此可判定该尺度范围内的云粒子为冰晶。同时,由 2DC 瞬时谱(图 3.6e)可见在 $D_j\geqslant 54.88\ \mu m$ 测量通道云粒子基本上为不连续分布。所以,可认为 Sc 中下部 2DC 量程内 $D>50\ \mu m$($D_j\geqslant 54.88\ \mu m$)的云粒子相态为冰相。

②Sc 云 FSSP 量程内云粒子相态的判断

国内,游来光(1994)曾利用谱线的相似性推测新疆冬季降雪性冰云中直径大于 5 μm 的为冰晶粒子。国外,近些年的混合云综合外场观测研究中,首先利用罗斯曼积冰探测仪 RICE(Rosemount Icing Detector)(Cober et al.,2001;Korolev et al.,2003; McFarquhar and Cober,2004;McFarquhar et al.,2007)或综合地面雷达观测(Field et al.,2004;Lawson and Zuidema,2009)来确定 0 ℃层以上云的相态(液态过冷水云、冰水混合态云、冰云),然后再根据各相态云中 FSSP 谱分布的差异来总体说明 FSSP 量程内云粒子的相态(液相、冰相)。

Cober 等(2001)在第一次和第三次加拿大冻雨试验(the First and Third Canadian Freezing Drizzle Experiments,CFDE Ⅰ and Ⅲ)的观测研究中发现,混合态云中冰晶粒子的平均体积直径大于 30 μm,Korolev 等(2003)对加拿大锋面层状云系的观测研究表明,液态过冷水云中的平均体积直径为 10～12 μm,冰云中的在 20～35 μm 变动,而 Field 等(2004)发现,英国混合态云和冰云中的平均体积直径都大于 30 μm。可见不同地区及云系中云粒子的相态差异较大。

在液态云和冰水混合态云中,对液态含水量 LWC 的最佳测量值是 King 探头的观测值(McFarquhar et al.,2007)。液态含水量 LWC_{FSSP} 是由式(2.3)计算所得,仅当 FSSP 量程内都为液态云粒子时适用。即在云内 0 ℃层以上,如果 FSSP 量程内有冰晶存在,则 LWC_{FSSP} 会高估云内实际液态过冷水含量。如果 FSSP 量程内都为液态云粒子,且超出其观测范围的云粒子(如 2DC 量程内)中有过冷水存在,则 LWC_{FSSP} 只能代表部分的云液态过冷水含量。因此,在实际云的观测中,LWC_{FSSP} 与 LWC_{King} 必然存在一定的差异。齐彦斌等(2007)对东北冷涡对流云带 0 ℃层以上的垂直观测中发现,LWC_{King} 与 LWC_{FSSP} 的测量结果有较好的对应关系。其资料显示,飞机下降时云带顶部的 LWC_{FSSP} 明显大于 LWC_{King},而其他时段 LWC_{FSSP} 小于 LWC_{King}。对于 FSSP 量程内的云粒子,本研究综合 FSSP 瞬时谱、LWC_{FSSP} 与 LWC_{King} 的差异来考察其相态。

由图 3.6b 可见,在 Sc 的 2 个云团中 LWC_{FSSP} 与 LWC_{King} 变化趋势基本相同,但在高 LWC_{FSSP} 区(G1～G7)LWC_{FSSP} 与 LWC_{King} 数值差异明显,且差异程度各有不同。其中,在 G5 和 G6 区,LWC_{FSSP} 与 LWC_{King} 很接近。由 FSSP 瞬时谱(图 3.6c)可见,该时段内仅有 3.5 μm $\leqslant D_i \leqslant$ 18.5 μm 的粒子连续分布,$D_i \geqslant$ 21.5 μm 以上没有云粒子存在。由图 3.6d、e 可见,该时段内 2DC 量程内没有云粒子存在(即使对 2DC 量程内 $D>50$ μm 云粒子相态判断有误,该时段内超出 FSSP 量程外也不可能有液态过冷水存在)。在 G3 和 G4 区,FSSP 量程内不仅有 3.5 μm $\leqslant D_i \leqslant$ 18.5 μm 的粒子连续分布,而且 $D_i \geqslant$ 21.5 μm 以上有粒子零散存在(图 3.6c)。2DC 量程内基本没有云粒子存在(图 3.6d、e),LWC_{FSSP} 大于 LWC_{King}(图 3.6b)。在 G2 区,FSSP 量程内云粒子的分布情况与 G3、G4 区类似(图 3.6c),但 2DC 量程内有云粒子存在(图 3.6d、e),然而 LWC_{FSSP} 仍大于 LWC_{King}(图 3.6b)。在 G1 区,FSSP 量程内有较高浓度的云粒子不连续分布(图 3.6c),但 LWC_{FSSP} 远远大于 LWC_{King},且 LWC_{King} 明显小于 G2 区。比较 G1 区与 G2 区的 FSSP 瞬时谱,可发现 G1 区 D_i=9.5、12.5、15.5 μm3 个测量通道内的数浓度分布函数 $n(D_i)$ 明显小于 G2 区,这可能是 LWC_{King} 明显小于 G2 区的原因。在 G7 区,FSSP 量程内有大量 $D_i \geqslant$ 21 μm 以上的、$n(D_i)$ 较高的云粒子不连续分布,$LWC_{FSSP} > LWC_{King}$,但其 3.5 μm $\leqslant D_i \leqslant$ 18.5 μm 段内 $n(D_i)$ 明显大于其他高 LWC_{FSSP} 区(图 3.6c),相应地,该区 LWC_{King} 明显较大(图 3.6b)。由此推测,在 Sc 中下部液态过冷水可能主要分布在 D_i=3.5～18.5 μm 范围内。由式(2.3)计算 FSSP 在 D_i = 3.5～18.5 μm 测量通道内的含水量(以 $LWC_{FSSP(3.5\sim18.5)}$ 表示),并与 LWC_{King} 相比较,以进一步检验二者在该云层内的关联性。

图 3.7 给出了 2 个 Sc 云团内 $LWC_{FSSP(3.5\sim18.5)}$ 与 LWC_{King} 的线性相关图。可见,$LWC_{FSSP(3.5\sim18.5)}$ 与 LWC_{King} 的线性相的判定系数 R^2=0.95。通过 α=0.05 的显著性水平检验,$LWC_{FSSP(3.5\sim18.5)}$ 与 LWC_{King} 有显著的线性相关性。其线性拟合线斜率接近于 1,且 $LWC_{FSSP(3.5\sim18.5)}$ 值绝大部分在 LWC_{King} ±15%(仪器误差)范围内,由此表明 $LWC_{FSSP(3.5\sim18.5)}$ 与 LWC_{King} 有显著的对称相关性。

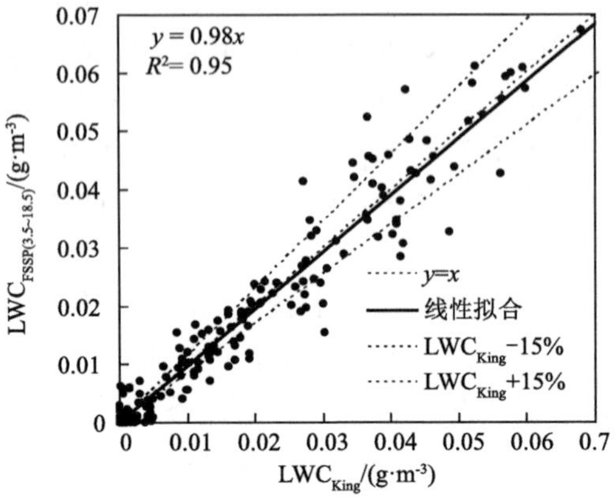

图 3.7　Sc 中下部 LWC_{King} 与 $LWC_{FSSP(3.5\sim18.5)}$ 线性相关散点图

以上分析表明，在 Sc 中下部，FSSP 量程内 3.5 μm≤D_i≤18.5 μm 的云粒子为液态过冷水，21.5 μm≤D_i≤45.5 μm 的云粒子基本上为冰晶。本研究将 FSSP 量程内的过冷液滴称为云滴，将大于云滴尺度的冰晶粒子称为云晶。

(3)Sc 高过冷水区和低过冷水区的云粒子谱分布特征

Hobbs 将 FSSP 观测到的云中大于 2 μm 的粒子总浓度超过 10 cm^{-3} 时看作是云水区（游来光，1994；黄梦宇 等，2005）。3.1.1 节(1)分析中也发现 N_1 超过 10 cm^{-3} 以上时有高过冷水区出现（图 3.6a、b），本研究结合本地区混合态云中 FSSP 浓度、瞬时谱和过冷水含量的变化特点，将 $LWC_{FSSP}\geq10^{-2}$ g·m^{-3} 的区域称为高过冷水区，将 10^{-2} g·m^{-3}>LWC_{FSSP}>10^{-4} g·m^{-3} 的云区称为低过冷水区。由图 3.6c、d 可见，2 个 Sc 云团中，G1～G7 高过冷水区与其他区域的 FSSP、2DC 瞬时谱也有明显的差异。图 3.8 给出了 2 个 Sc 云团中高过冷水区和低过冷水区的 FSSP、2DC(D>50 μm)平均粒子谱。由图 3.8a 可见，高过冷水区与低过冷水区的 FSSP 平均谱分布有明显的区别。首先，云粒子数浓度分布函数 $n(D_i)$ 差异很大。在 D_i=3.5～18.5 μm，高过冷水区要高于低冷水区 1～4 个数量级，在 D_i=21.5～45.5 μm，相差 1 个数量级；其次，高过冷水区谱型基本上为单峰型伽玛(Γ)分布，而低过冷水区谱型扁平，即在整个 FSSP 量程范围内粒子浓度没有明显变化；最后，在 3.5 μm≤D_i≤18.5 μm 范围内高过冷水区与低过冷水区谱型变化趋势相反，而在 21.5 μm≤D_i≤45.5 μm 范围内谱型相同，都在 24.5 μm 处有一不明显的跃升。由图 3.8b 可见，在 50～150 μm，高、低过冷水区的数浓度分布函数 $n(D_j)$ 基本没有差别，在 150 ～ 800 μm 差异较大，850 μm 以上有较高 $n(D_j)$ 的大粒子在高过冷水区出现。

综合前述分析可表明：(1)FSSP 粒子谱型是由液态过冷云滴(3.5 μm≤D_i≤18.5 μm)和固态冰相云晶(D_i≥21.5 μm)共存造成的。由于冰相过饱和度高于液相，在相同水汽条件下，冰相云晶比液态云滴更容易长大。在高过冷水区，冰晶在增长过程中势必消耗液态过冷水，而小的液态云滴比较大的液态云滴更容易蒸发，小的冰晶比较大的冰晶更容易凝华长大。因此，在 FSSP 粒子谱中的较大液态云滴处出现了峰值，并在较小云晶处可能出现跃升或峰值。而在低过冷水区，可能水汽条件较差（低于冰面饱和水汽压），云滴和云晶都不能长大，从而未造成明显的浓度差异。(2)高过冷水区有较明显的冰晶碰并液态过冷水增长（即凇附增长）的现象。在高过冷水区，较大的冰晶粒子越容易碰并一定尺度范围内的过冷液滴而迅速长大，从而

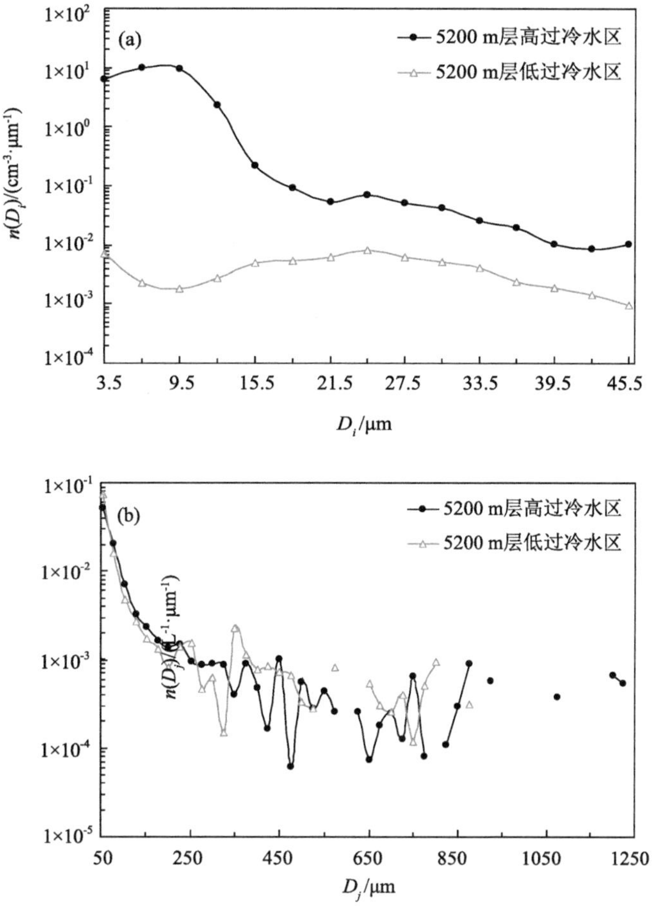

图 3.8　Sc 中下部高过冷水区和低过冷水区的 FSSP(a)、2DC(D＞50 μm)(b)平均粒子谱分布图

使原尺寸范围内的云粒子浓度会有所减小，并出现更大尺寸的冰相粒子或冰雪晶结凇体。首先，由图 3.6 中的 2DC 图像可以明显看到，高过冷水区峰值附近有尺寸很大的冰雪晶聚合体和冰雪晶结凇体（图 3.6f2、f6、f7 和 f8），而低过冷水区为尺寸明显很小的不规则形、柱状或短柱状冰晶及较小的枝状冰晶（图 3.6f1、f3、f4、f5 和 f9）。这也是高过冷水区出现 850 μm 以上大粒子（图 3.8b）的原因。其次，由图 3.6d 中可见，在高过冷水区 2DC 量程内的云粒子浓度有所减小（G7 区尤为明显），同时，由 2DC 瞬时谱（图 3.6e）可见，在高过冷水区较大中值直径粒子的 $n(D_j)$ 明显增加，而较小中值直径粒子的 $n(D_j)$ 有所减小。碰并的同时会有碰撞破碎及自身破碎存在，这可能是造成图 3.8b 中 150～800 μm 段高、低过冷水区 $n(D_j)$ 相互差异较大的原因。

(4)Sc 高过冷水区云滴有效半径和估算过冷水含量比率

根据 3.1.2 节(2)的分析结果，取 3.5 μm$\leqslant D_i \leqslant$18.5 μm 范围内（$i=1,\cdots,n$；$n=6$）的 FSSP 资料，由式(2.4)计算云滴有效半径。Sc 中下层高过冷水区云滴有效半径 r_{ew} 在 3.4～6.0 μm，其平均值和标准差 σ 为 $\bar{r}_{ew}=4.5\pm0.6$ μm。

过冷水含量比率 f_l(fraction of liquid water)为混合态云中过冷水含量 LWC 占总含水量 TWC(Total Water Content)的比率,即 f_l=LWC/TWC(McFarquhar et al.,2007)。国外数值模式研究结果(Smith,1990; Moss and Johnson,1994; Bower et al.,1996)和飞机观测结果(Boudala et al.,2004)都表明 f_l 与温度及总含水量 TWC 有密切的关联性。McFarquhar 等(2007)在美国 M-PACE 试验的观测中发现层积云中 f_l 随高度的升高而增大。

因国内飞机探测设备中未装备 Nevzorov TWC (Cober et al.,2001;Korolev et al.,2003; Boudala et al.,2004; Field et al.,2004; McFarquhar and Cober,2004)、回流取样器 CVI (Counterflow Virtual Impactor)(Twohy,2003)等总含水量 TWC 的直接测量设备,本研究以 PMS 各探头的观测资料间接计算 TWC。TWC 可以表示为过冷水含量 LWC 和冰相含水量 IWC 之和。LWC 可以用 King 探头测量值来表示(McFarquhar et al.,2007)。以式(2.5)计算 IWC。

由 3.3.1 节(2)、(3)的分析发现分析发现,三江源地区秋季层积云的微物理特征与美国阿拉斯加地区秋季低层混合态层积云(McFarquhar et al.,2007)较为接近,但 McFarquhar 等(2007)提出的经验回归系数 $a=1.07\times10^{-10}\,\text{g}\cdot\mu\text{m}^{-1.7}$、$b=1.7$ 仅适用于 $D>125\ \mu\text{m}$($D_j\geqslant 129.12\ \mu\text{m}; j=5,\cdots,m, m=62$)以上的冰晶粒子。而对于 $53\ \mu\text{m}<D<125\ \mu\text{m}$($54.88\ \mu\text{m}\leqslant D_j\leqslant 104.38\ \mu\text{m}; j=2,\cdots,4$)范围内的非球形冰晶粒子,本研究采用与本研究谱分布较为接近的、游来光等(1989)在新疆冬季层状云中取得的经验回归系数:$a=0.04$、$b=3$(未进行单位换算)。对于 $D<53\ \mu\text{m}$ 以下的冰晶粒子及云滴的含水量,本研究以 LWC_{FSSP} 近似代替(显然 LWC_{FSSP} 会对该粒径范围内的实际含水量有所高估)。估算 f_l 的表达式可表示为:

$$f_l=\frac{\text{LWC}}{\text{IWC}+\text{LWC}}\approx\frac{\text{LWC}_{\text{King}}}{\sum_{j=5}^{m}0.107\times10^{-9}D_j^{1.7}n(D_j)\Delta D_j+\sum_{j=2}^{4}0.04\times10^{-9}D_j^{3}n(D_j)\Delta D_j+\text{LWC}_{\text{FSSP}}}\tag{3.1}$$

其中,$n(D_j)$单位为 $\text{L}^{-1}\cdot\mu\text{m}^{-1}$,$D_j$ 单位为 μm,IWC 单位为 $\text{g}\cdot\text{m}^{-3}$。

由 3.1.2 节(2)的分析可知,2 个 Sc 云团中 G5、G6 等两个纯液态过冷水区的 f_l 显然为 1,而 G1、G2、G3、G4、G7 这 5 个由冰、水混合相态组成的高过冷水区,水平分布尺度不一,且 LWC_{King} 值也有较大差异。为便于比较,将平飞穿越的起始—终止的时间及 LWC_{King} 进行标准化处理,即:

$$t_n=\frac{t-t_a}{t_b-t_a}\tag{3.2}$$

$$\text{LWC}_{\text{King}_n}=\frac{\text{LWC}_{\text{King}}-\text{LWC}_{\text{King}_a}}{\text{LWC}_{\text{King}_b}-\text{LWC}_{\text{King}_a}}\tag{3.3}$$

其中,t_a、t_b 分别为穿越各高过冷水区的起始、终止的时间(单位:s),$\text{LWC}_{\text{King}_a}$、$\text{LWC}_{\text{King}_b}$ 为各高过冷水区 LWC_{King} 的最小值和最大值。进行标准化处理后,t_n、$\text{LWC}_{\text{King}_n}$ 的最大值为 1,最小值为 0。

图 3.9 给出了 Sc 中混合态高过冷水区标准化处理后的 f_l、$\text{LWC}_{\text{King}_n}$ 及其变化趋势拟合线。f_l 和 $\text{LWC}_{\text{King}_n}$ 的 5 项多项式拟合(最优显著性拟合)曲线的变化趋势基本一致,表明在 Sc 中高过冷水区 f_l 与 LWC_{King} 存在一定的关联性。Sc 中高过冷水区 f_l 最小值为 29.2%,平均值及标准差为 69.9%±19.4%。

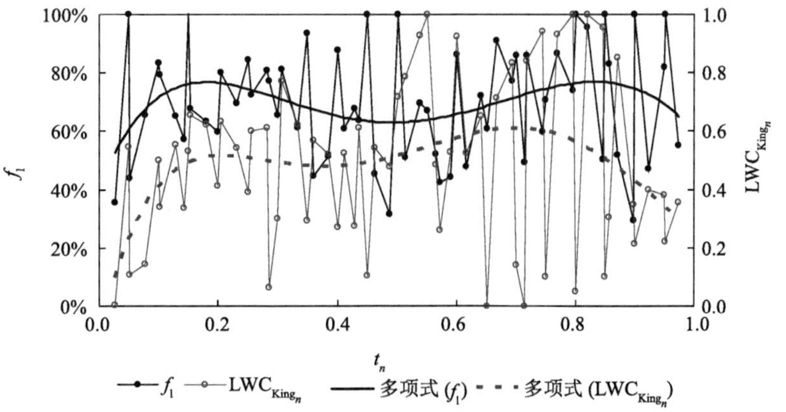

图 3.9　Sc 中混合态高过冷水区过冷水含量比率 f_1、标准化含水量 LWC_{King_n} 随标准化时间 t_n 的变化图

3.3.2　下层高层云

(1)下层 As 云微物理量水平分布的基本特征

穿越下层 As 底部时的飞行宏观观测记录显示，约 16:11 飞机颠簸并出现积冰，约 16:12:20 后云层变稀薄，隐约可见下方 Sc，约 16:13 后能见度转好，基本出云。As 顶部为隆起的对流泡顶。平飞穿越 As 中对流泡顶后即出云，无明显低含水区。图 3.10 给出了 16:11:01—16:14:00、16:02:06—16:03:24 分别在 As 底部和顶部(对流泡顶)平飞时 FSSP、2DC($D>50\ \mu$m)观测的粒子浓度、直径、瞬时谱、FSSP 观测的含水量计算值 LWC_{FSSP} 和 King 探头观测的液态含水量值 LWC_{King}。

由图 3.10a1 可见，在 As 底部云区内 FSSP 浓度在高值区与低值区相差 4～5 个量级，最大值可达 300 cm^{-3} 以上，在 FSSP 的整个量程内云粒子广泛分布。FSSP 观测的浓度对数值与云粒子直径 D_{m1} 也存在着明显的反相关性，且 FSSP 高浓区对应高含水量(LWC_{FSSP} 及 LWC_{King})区(图 3.10b1)。当 FSSP 观测云滴浓度 N_1 在约 100 cm^{-3} 以上时，直径 D_{m1} 集中在 6～9.5 μm，与之相对应，在图 3.10b1 中有明显的高含水量区出现(G1 和 G2)；在 G1 和 G2 两个高含水量区中间，有 N_1 变化较大(10^{-3}～60 cm^{-3})，但其 D_{m1} 与高含水量区的 D_{m1} 较为接近的云区存在，LWC_{FSSP} 在 10^{-4}～0.02 $g \cdot m^{-3}$；在 G1 和 G2 区两侧是低浓度($N_1<0.1\ cm^{-3}$)较大 D_{m1}(>18 μm)的稀疏云区，LWC_{FSSP} 小于 0.01 $g \cdot m^{-3}$；基本出云后，FSSP 已观测不到云粒子，但 2DC 量程内(图 3.10d1、e1)仍有大量较高浓度的云粒子存在。

2DC 观测的云粒子浓度在该高度层没有明显的高、低值区，$N_{2(>50)}$ 分布在 0.3～22 L^{-1} 范围内，云粒子直径 $D_{m2(>50)}$ 较为松散的分布在 54.88～350 μm。

由图 3.10a2、b2 可见，FSSP 观测的浓度在大于 10 cm^{-3} 时就出现了较为明显的高含水量区(G3 和 G4)，云滴 D_{m1} 仅在 8.2～12.2 μm。云区基本上为高含水量区。G3 区和 G4 区中间及约 16:03 飞出对流泡后，FSSP 已观测不到云粒子，但 2DC 仍观测到有较高浓度的云粒子存在(图 3.10d2、e2)。$N_{2(>50)}$ 在该层也没有明显的高、低值区，分布在 0.5～23.6 L^{-1} 范围

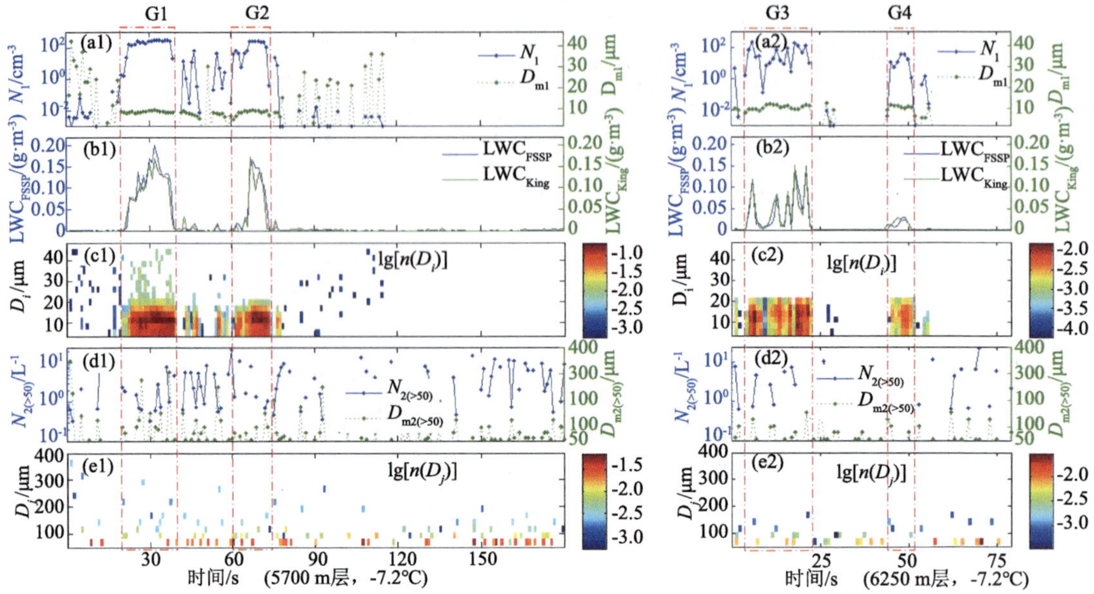

图 3.10　下层 As 底部的 FSSP 浓度 N_1 和直径 D_{m1}(a1)、LWC_{FSSP} 和 LWC_{King}(b1)、FSSP 瞬时谱(c1)、2DC($D>50$ μm)浓度 $N_{2(>50)}$ 和直径 $D_{m2(>50)}$(d1)、2DC($D>50$ μm)瞬时谱随时间的水平分布图(e1)；(a2)—(e2)同(a1)—(e1)，但为对流泡顶

内，$D_{m2(>50)}$ 在 54.88～175 μm。

图 3.11 给出了 $LWC_{FSSP(3.5\sim21.5)}$、LWC_{King} 在这两层主要云区的线性相关图。由图 3.11a、b 可见，$LWC_{FSSP(3.5\sim21.5)}$ 与 LWC_{King} 有极显著的相关性(判定系数 R^2 分别为 0.96、0.97，通过 $\alpha=0.01$ 的显著性水平检验)，且线性拟合线斜率均接近于 1，$LWC_{FSSP(3.5\sim21.5)}$ 几乎在 LWC_{King} ±15%范围内。由此可表明，5700 m 和 6250 m 内的过冷水均存在于 $D_i=3.5\sim21.5$ μm 粒径范围内。

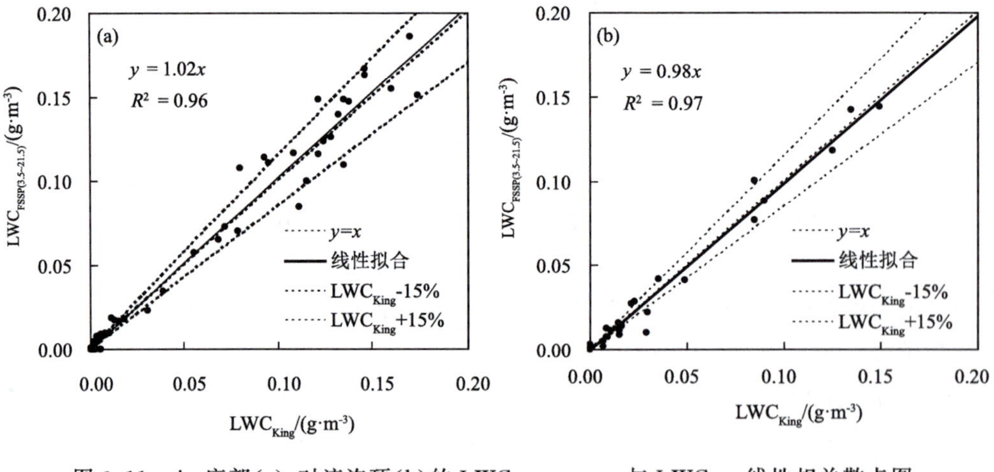

图 3.11　As 底部(a)、对流泡顶(b)的 $LWC_{FSSP(3.5\sim21.5)}$ 与 LWC_{King} 线性相关散点图

(2)下层 As 云底高过冷水区和低过冷水区的云粒子谱分布特征

图 3.12 给出了下层 As 底部高过冷水区(图 3.10G1、G2 区)和低过冷水区(图 3.10G1、G2 区两侧 10^{-2} g·m^{-3}>LWC$_{FSSP}$>10^{-4} g·m^{-3} 的云区)的 FSSP、2DC(D>50 μm)平均粒子谱。由图 3.12a 可见，与 Sc 中下部类似，高过冷水区与低过冷水区的 FSSP 粒子谱有着明显的区别。二者 $n(D_i)$差别很大，在 3.5～21.5 μm，相差 3～4 个数量级，而在 24.5～45.5 μm，相差 1～2 个数量级。高过冷水区谱型基本上为单峰型伽玛分布，峰值在 D_i=9.5 μm 处。低过冷水区谱形扁平，没有明显的峰值，在 D_i=21.5 μm 时出现极小值。在 3.5～21.5 μm 内高过冷水区与低过冷水区谱型变化趋势基本相反，而在 24.5～45.5 μm 谱型没有明显差别。由图 3.12b 可见，高过冷水区与低过冷水区的 2DC 粒子平均谱型分布不连续，谱型基本为负指数型，且二者没有明显的差别。由此表明，与 Sc 中下部类似，该层 FSSP 谱型是由液态过冷云滴(3.5 μm≤D_i≤21.5 μm)和固态冰相云晶(D_i≥24.5 μm)共存造成的。但与 Sc 中下部不同，在高过冷水区没有明显的凇附增长现象存在。

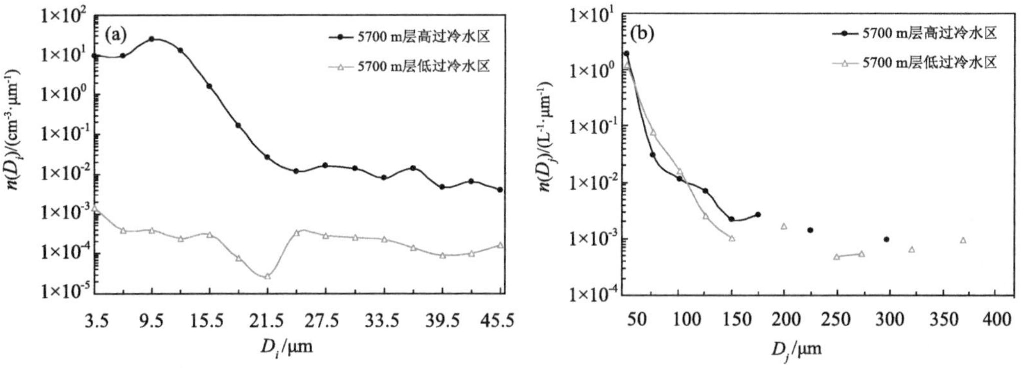

图 3.12　下层 As 底部高过冷水区和低过冷水区的 FSSP(a)、2DC(D>50 μm)(b)平均粒子谱分布图

(3) 下层 As 高过冷水区云滴有效半径和过冷水含量比率

根据 3.2.2 节(2)的分析结果，取 3.5 μm≤D_i≤21.5 μm 范围内(i=1，…，n；n=7)的 FSSP 资料计算云滴有效半径。下层 As 底部高过冷水区的云滴有效半径 r_{ew} 在 4.8～5.8 μm，平均值及标准差为 $\bar{r}_{ew}$=5.4±0.2 μm。在对流泡顶高过冷水区 r_{ew} 在 5.6～7.2 μm，$\bar{r}_{ew}$=6.6±0.4 μm。

类同 3.3.1 节(4)，将下层 As 底部两个高过冷水区观测起始—终止时间和 LWC$_{King}$ 进行标准化处理。图 3.13 给出了下层 As 底部高过冷水区 f_1 和 LWC$_{King_n}$ 随 t_n 的分布。由图 3.13 可见，f_1 在高过冷水区没有明显的变化。f_1 和 LWC$_{King_n}$ 的 5 项多项式拟合(最优显著性拟合)变化趋势均不明显(均未通过 α=0.1 的显著性检验)，f_1 与 LWC$_{King_n}$ 也无关联性。As 底部高过冷水区 f_1 最小值为 72.3%，平均值及标准差为 89.2%±8.1%。在 6250 m 的对流泡顶部，高过冷水区 f_1 近似等于 1。

3.3.3　上层高层云和卷层云

图 3.14 给出了在上层 As 云底、云顶部和 Cs 的 2DC 所测云粒子浓度、直径及瞬时谱随时间变化图。2DC 观测值资料含 D_j=30.12 μm 通道资料。由图 3.14a1、a2、a3 可见，2DC 在上

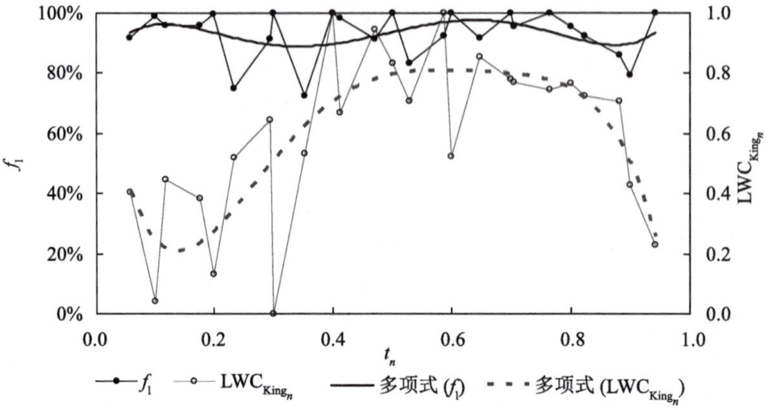

图 3.13 下层 As 底部高过冷水区 f_1 和 LWC$_{\mathrm{King}_n}$ 随 t_n 变化图

层 As 云顶、云底和 Cs 中都观测到有高浓度的云粒子存在，粒子浓度都没有明显的高、低值区。位于云系最高层的 Cs 中的云粒子浓度 N_2 明显大于上层 As，但其粒子直径 D_{m2} 几乎都在 30 μm 左右，表明 Cs 中主要以 D_j =30.12 μm 的云粒子为主。由图 3.14b1、b2、b3 可见，2DC 瞬时谱分布比较均匀，没有明显的密集分布区。

King 探头在上层 As 和 Cs 内都没有探测到液态水，且 2DC 瞬时谱在中值直径 $D_j \geqslant$ 54.88 μm 以上都存在明显的不连续现象，由此推断上层 As 和 Cs 为冰云。以式(2.6)中的经验回归系数计算 $D>50$ μm 以上冰相云粒子冰水含量 IWC$_{(>50)}$，则上层 As 云底、云顶和 Cs 中的 IWC 最大值分别为 0.008 g · m^{-3}、0.011 g · m^{-3}、0.017 g · m^{-3}，其平均值均超过 0.001 g · m^{-3}。如果不考虑误差，计算 2DC 整个量程内的 IWC，则其最大值基本没有变化，但其平均值增大 1 个量级。

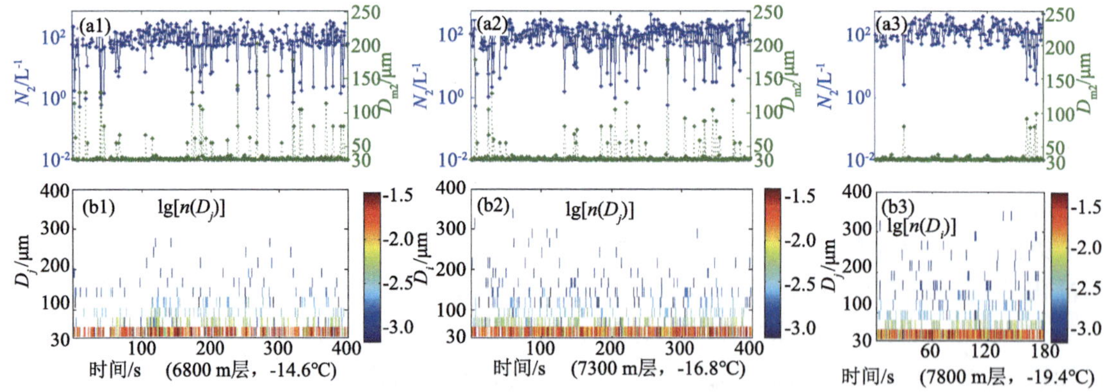

图 3.14 上层 As 底部的 2DC 浓度 N_2 和直径 D_{m2}(a1)、2DC 瞬时谱(b1)随时间的水平分布图，(a2)—(b2)同(a1)—(b1)，但为上层 As 顶部，(a3)—(b3)为 Cs 中

3.4　云系平均粒子谱分布特征和云粒子增长机制的探讨

此次分层垂直探测时段为云系的发展阶段。云系只由冰晶层和过冷混合层组成。图 3.15 给出了云系各高度层的 FSSP 和 2DC 平均谱分布。

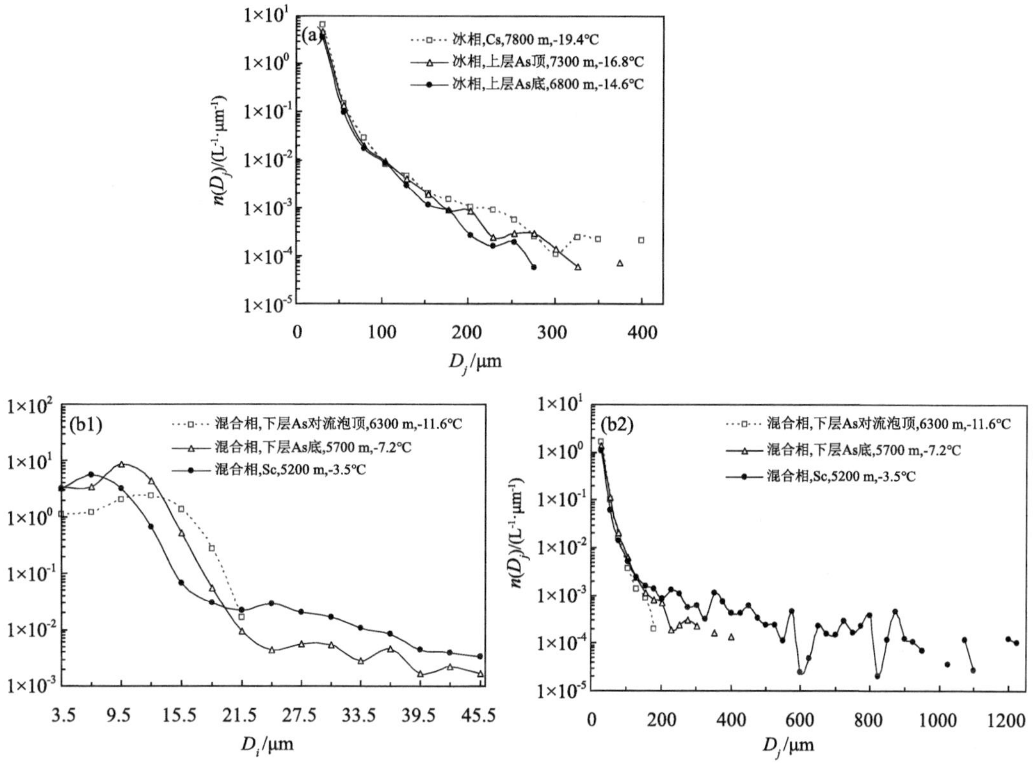

图 3.15　云系各高度层平均云粒子谱分布图

(a)Cs 和上层 As 的 2DC 观测,(b1)下层 As 和 Sc 的 FSSP 观测,(b2)下层 As 和 Sc 的 2DC 观测

在云系的冰晶层,即 Cs 和上层 As 等两层冰云中,由图 3.15a 可见,2DC 粒子平均谱均为负指数型分布,且谱分布相近,谱宽随着高度降低而变窄。在 30.12 μm$\leqslant D_j <$100 μm 的较小粒径段,谱线基本上重合在一起,谱分布相同;在 100 μm$< D_j <$275 μm 粒径段,$n(D_j)$随着高度的降低而有所减小;Cs 和上层 As 云顶都有直径大于 300 μm 以上的云粒子(雪晶)零散分布。降水性层状云系的数值模拟研究结果(胡朝霞 等,2007)表明,冰晶层中冰晶主要以凝华增长为主,也存在冰晶的碰并增长,产生一小部分雪晶。Cs、上层 As 等两层冰云中,有较高浓度的冰晶及雪晶粒子,其平均谱分布未出现明显起伏或峰值,且其瞬时谱在整层分布均匀(图 3.14b1、b2、b3),但未出现 400 μm 以上的大冰相粒子。由此推测,靠凝华增长和冰晶的碰并增长可能很难产生超过 400 μm 以上的大冰相粒子。

在云系的过冷混合层,即下层 As 和 Sc 等两层冰水混合态云中,因各层高、低含水量区 FSSP 和 2DC 云粒子浓度的不同差异,FSSP 平均谱分布基本上反映了高过冷水区的云粒子谱特征，而2DC平均谱分布则反映了整层的平均情况。

由图3.15b1可见，下层As和Sc中FSSP平均谱分布的谱型均为单峰型Γ分布。其中对流泡顶谱宽较窄（3.5 μm≤D_i≤21.5 μm），下层As云底和Sc在21.5 μm＜D_i≤45.5 μm处无明显峰值。与山东（张佃国 等，2011）、北京（张佃国 等，2007）等地区冷锋锋面云系、延安（王扬锋 等，2007）层状云系、吉林（齐彦斌 等，2007）对流云带等混合态云中观测的谱型有着明显的差异，后者均为负指数型分布。这些地区FSSP量程内所观测到的云粒子可能都为液态过冷水。

由图3.15b2可见，下层As和Sc中2DC平均谱分布的谱型也基本上为负指数型。在30.12 μm≤D_j＜150 μm处各云层谱线基本重合；200 μm以上的云粒子随着高度层的降低而出现，且$n(D_j)$增大；400 μm以上的云粒子只有在最底层的Sc中出现，且起伏明显。

由云系最底层的Sc到下层As云底（中间有200～300 m的干层），FSSP谱峰值右移且上行（图3.15b1）。峰值直径由6.5 μm增大至9.5 μm，其峰值左侧D_i＝3.5～6.5 μm处$n(D_i)$基本接近，峰值右侧的9.5 μm≤D_i≤18.5 μm处$n(D_i)$变大、21.5 μm≤D_i≤45.5 μm处$n(D_i)$减小。2DC谱在200 μm以上的$n(D_j)$及尺度明显减小（图3.15b2）。表明As云底液态云滴（3.5 μm≤D_i≤21.5 μm）的尺度和浓度都比Sc大，而固态云晶和冰雪晶的浓度较小。这是云系中液态水含量最大值出现在As云底的原因，也是As云底高过冷水区的过冷水含量比率f_1和云滴有效半径r_{ew}较Sc大的原因。可以说明，由于云型不同，且下层As中有对流活动，较强的上升气流不仅有利于较大云滴的形成，使云滴谱拓宽，而且有利于云滴浓度的增大。

在下层As中，从云底到对流泡顶，随着高度的增加FSSP谱峰值右移，但峰值下行（图3.15b1）。峰值直径由9.5 μm增大至12.5 μm，两谱线交叉点左侧（3.5 μm≤D_i≤12.5 μm）$n(D_i)$减小，右侧（15.5 μm≤D_i≤21.5 μm）$n(D_i)$增大。表明液态云滴（3.5 μm≤D_i≤21.5 μm）的浓度虽然总体无明显变化，但直径平均值有所增大。这是对流泡顶高过冷水区的云滴有效半径r_{ew}较云底有所增大的原因。

层状云系的数值模拟研究（胡朝霞 等，2007；赵震和雷恒池，2008）和对流云模拟研究结果（刘晓莉和牛生杰，2009）都表明，在过冷混合层中冰晶主要以凝华增长和碰并云滴增长（凇附增长）为主。这种凝华增长机制可以在下层As和Sc的高过冷水区谱分布的谱型中得到解释。而在最接近外部空气的下层As对流泡顶，云区内、外都有大量中值直径小于200 μm以下的冰晶粒子存在，且2DC瞬时谱分布无明显差异（图3.10e2）；在下层As底部也有类似现象，只是中值直径小于400 μm以下（图3.10e1）。因此，一方面说明这种凝华增长机制所需的水汽不仅来自云内的冰水转化，而且还来自于外来水汽的补充，是下层As中的上升气流促进了外来水汽的输送。另一方面说明下层As中冰晶粒子与液态云滴的碰并增长（凇附增长）并不明显，其增长可能仅限于冰晶粒子相互之间的碰并增长。这种碰并增长也使混合态云内很难有400 μm以上的大粒子出现，这与云系冰云中的情况也是一致的。过冷水含量及厚度是降水能否产生的关键参量（胡朝霞 等，2007）。尽管下层As中液态过冷水含量较高，且云滴浓度较大，但云层主体厚度较薄（约200 m），这可能是凇附增长未能出现的原因。

在Sc中，云团与云隙之间、高过冷水区与低过冷水区之间的2DC粒子瞬时谱分布差异明显，且局部高液态过冷水区无冰晶粒子存在（图3.6中G5、G6区）。在该层高过冷水区有比较明显的凇附增长现象，并产生了1200 μm以上的大粒子。凇附增长是Sc中产生大冰相粒子的主要机制。在局部纯液态过冷水区，凝结增长是云滴增长的唯一机制，也表明位于云系最底层的 Sc 中可能水汽条件最好。

3.5　本章小结

利用三江源地区进行飞机分层巡回探测的 PMS 资料，分析了该地区秋季多层层状云系(Cs—As—Sc)的宏观结构和垂直微物理分布特征，并提出新的综合判断方法，判别不同云层云粒子的相态，得出如下结论。

(1)云系分为 4 层，云层之间均有干层存在，云层均较薄。整个云系在 0 ℃层以上，无逆温。其中，Cs 和上层 As 为冰云，下层 As 和 Sc 为冰水共存的混合态云，过冷水含量较丰富。下层 As 中有对流泡存在。

(2)云粒子浓度和过冷水含量在下层 As 底部最大。粒径 $D>50\ \mu m$ 云粒子的浓度平均值 $\overline{N}_{2(>50)}$ 由最顶层的 Cs 向下依次递减，直径平均值 $\overline{D}_{m2(>50)}$ 依次递增，云粒子尺寸及谱宽在最底层的 Sc 中最大。

(3)与中国北方其他地区类似云层的比较结果表明，三江源地区 As 和 Sc 的云粒子浓度均偏大，As 的液态含水量计算值 LWC_{FSSP} 偏高，Sc 云粒子谱宽偏宽，具有较为明显的地区特征。

(4)混合态云中，FSSP 所测的云粒子浓度对数值与直径有着明显的反相关性，高浓度区对应高含水量区。

(5)根据 2DC 图像和灰度投影资料判定了混合态云中 2DC 量程内粒径 $D>50\ \mu m$ 云粒子的相态；综合 FSSP 云粒子瞬时谱、FSSP 所测一定尺度云粒子含水量值与 King 探头过冷水含量实测值的对称相关性，区分了混合态云中 FSSP 量程内云粒子的相态。结果认为：Sc 中中值直径 $D_i=3.5\sim18.5\ \mu m$ 的云粒子基本上为液态云滴，$D_i\geqslant21.5\ \mu m$ 的以上的基本上为冰相粒子；下层 As 云底和对流泡顶 $D_i=3.5\sim21.5\ \mu m$ 基本上为液态云滴，$D_i\geqslant24.5\ \mu m$ 以上的基本上为冰相粒子。

(6)混合态云中，高过冷水区和低过冷水区的云粒子谱分布差异明显。Sc 高过冷水区存在比较明显的凇附增长现象。

(7)Sc 中局部高过冷水区无冰相粒子存在，在 Sc 的混合相高过冷水区，过冷水含量比率 f_1 的平均值及标准差为 69.9%±19.4%，最小值为 29.2%，且 f_1 与过冷水含量存在一定的关联性；在下层 As 云底的高过冷水区，f_1 没有明显的变化，平均值及标准差为 89.2%±8.1%，最小值为 72.3%。Sc、下层 As 云底、对流泡顶高过冷水区云滴有效半径 r_{ew} 依次有所增大，其平均值及标准差分别为 $4.5\pm0.6\ \mu m$、$5.4\pm0.2\ \mu m$、$6.6\pm0.4\ \mu m$。

(8)混合态云各高度层 FSSP 平均粒子谱分布的谱型均为单峰型伽玛分布，混合态云和冰云 2DC 平均粒子谱基本上为负指数型分布。在冰云和下层 As 中，冰晶的增长可能仅限于凝华增长和冰晶之间的碰并增长，这种增长机制可能很难产生超过 400 μm 的大冰相粒子。下层 As 中，冰晶凝华增长所需的水汽不仅来自云内的冰水转化，而且还来自于上升气流输送的外来水汽的补充，较强的上升气流有利于云滴谱宽拓宽、浓度增大。

参考文献

樊曙先，2000. 层状云微物理结构演变特征的个例研究[J]. 宁夏大学学报(自然科学版)，21(2):179-182.

范烨，郭学良，张佃国，等，2010. 北京及周边地区 2004 年 8、9 月层积云结构及谱分析飞机探测研究[J]. 大气科学，34(6):1187-1200.

居丽玲，牛生杰，段英，等，2011. 石家庄地区一次秋季冷锋云系垂直微物理结构的观测研究[J]. 高原气象，30(5)：1324-1336.

李仑格，德力格尔，2001. 高原东部春季降水云层的微物理特征分析[J]. 高原气象，20(2):191-196.

李生辰，李栋梁，赵平等，2009. 青藏高原"三江源地区"雨季水汽输送特征[J]. 气象学报，67(4):591-598.

李照荣，李荣庆，李宝梓，2003. 兰州地区秋季层状云垂直微物理特征分析[J]. 高原气象，22(6):583-589.

胡朝霞，雷恒池，郭学良，等，2007. 降水性层状云系结构和降水过程的观测个例与模拟研究[J]. 大气科学，31(3):425-439.

黄梦宇，赵春生，周广强，等，2005. 华北地区层状云微物理特性及气溶胶对云的影响[J]. 南京气象学院学报，28(3):360-368.

雷恒池，洪延超，赵震，等，2008. 近年来云降水物理和人工影响天气研究进展[J]. 大气科学，32(4):967-974.

刘晓莉，牛生杰，2009. 三维对流云中粒子谱演变特征的数值模拟[J]. 中国科学 D 辑:地球科学，39(2):245-256.

齐彦斌，郭学良，金德镇，2007. 一次东北冷涡中对流云带的宏微物理结构探测研究[J]. 大气科学，31(4):621-634.

王扬锋，雷恒池，樊鹏，等，2007. 一次延安层状云微物理结构特征及降水机制研究[J]. 高原气象，26(2):388-395.

杨洁帆，雷恒池，胡朝霞，等，2010. 一次层状云降水过程微物理机制的数值模拟研究[J]. 大气科学，34(2)，275-289.

杨文霞，牛生杰，魏俊国，等，2005. 河北省层状云降水系统微物理结构的飞机观测研究[J]. 高原气象，24(1):84-90.

游来光，王守荣，王鼎丰，等，1989. 新疆冬季降雪微结构及其增长过程的初步研究[J]. 气象学报，47(1)73-81.

游来光，1994. 利用粒子测量系统研究云物理过程和人工增雨条件[C]//游景炎，段英，游来光．云降水物理和人工增雨技术研究．北京:气象出版社：236-249.

张佃国，郭学良，付丹红，等，2007. 2003 年 8-9 月北京及周边地区云系微物理飞机探测研究[J]. 大气科学，31(4):596-610.

张佃国，郭学良，龚佃利，等，2011. 山东省 1989—2008 年 23 架次飞机云微物理结构观测试验结果[J]. 气象学报，69(1):195-207.

章新平，姚檀栋，1995. 影响青藏高原的天气系统与降水中氧同位素的关系[J]. 冰川冻土，17(2):125-131.

赵仕雄，德力格尔，涂多彬，2003. 黄河上游降水云层对流特性及降水微结构机制研究[J]. 高原气象，22(4):385-392.

赵震，雷恒池，2008. 西北地区一次层状云降水云物理结构和云微物理过程的数值模拟研究[J]. 大气科学，32(2):323-334.

BOUDALA F S，ISAAC G A，COBER S G，et al，2004. Liquid fraction in stratiform mixed-phase clouds from in situ observations [J]. Quart J Roy Meteor Soc，130:2919-2931.

BOWER K N，MOSS S J，JOHNSON D W，et al，1996. A parameterization of the ice water content observed in frontal and convective clouds[J]. Quart J Roy Meteor Soc，122:1815-1844.

COBER S G, ISAAC A I, KOROLEV A V, et al, 2001. Assessing cloud-phase conditions[J]. J Appl Meteor, 40:1967-1983.

FIELD P R, HOGAN R J, BROWN P R A, et al, 2004. Simultaneous radar and aircraft observations of mixed-phase cloud at the 100 m scale[J]. Quart J Roy Meteor Soc, 130:1877-1904.

KOROLEV A, SUSSMAN B, 2000. A technique for habit classification of cloud particles[J]. J Atmos Oceanic Technol, 17:1048-1057.

KOROLEV A V, ISAAC G A, COBER S G, et al, 2003. Microphysical characterization of mixed-phase clouds[J]. Quart J Roy Meteor Soc, 129:39-65.

LAWSON R P, ZUIDEMA P, 2009. Aircraft microphysical and surface-based radar observations of summertime Arctic clouds[J]. J Atmos Sci, 66:3505-3529.

MCFARQUHAR G M, COBER S G, 2004. Single-scattering properties of mixed-phase Arctic clouds at solar wavelengths: Impacts on radiative transfer[J]. J Clim, 17:3799-3813.

MCFARQUHAR G M, HEYMSFIELD A J, 1996. Microphysical characteristics of three anvils sampled durning the central equatorial Pactific [J]. Journal of the Atmospheric Science.

MCFARQUHAR G M, ZHANG G, POELLOT M R, et al, 2007. Ice properties of single-layer stratocumulus during the Mixed-Phase Arctic Cloud Experiment: 1. Observations[J]. J Geophys Res, 112:D24201.

MOSS S J, JOHNSON D W, 1994. Aircraft measurements to validate and improve numerical model parameterizations of ice to water ratios in clouds [J]. Atmos Res, 34:1-25.

SMITH R N B, 1990. A scheme for predicting layer clouds and their water content in a general circulation model[J]. Quart J Roy Meteor Soc, 116:435-460.

TWOHY C H, STRAPP J W, WENDISCH M, 2003. Performance of a counterflow virtual impactor in the NASA icing research tunnel [J]. J Atmos Oceanic Technol, 20:781-790.

第 4 章　三江源春季典型多层层状云系的微物理特征

2003—2004 年，由多部门联合，首次利用 PMS 系统在三江源地区开展了飞机观测试验，取得了多架次冷锋降水云系的垂直分层探测资料。近年来，装备有 DMT 系统的高性能飞机在该地区进行了探测飞行，但由于飞行最低安全高度等因素及实际飞行条件的限制（韩辉邦等，2022），很难取得海拔高度 6000 m 以下的观测资料。本章选取 2004 年对三江源春季典型层状云系进行完整分层垂直探测的飞机观测资料，在对云粒子相态进行综合判别的基础上，探究云系微物理结构特征。本研究对提高该地区典型层状云系微物理特征的认识，优化飞机人工增雨作业技术具有重要的现实意义。

4.1　天气过程概况与飞行观测概况

受西南暖湿气流和冷空气共同影响，2004 年 5 月 13—14 日三江源地区自西向东出现系统性降水天气过程。5 月 13 日上午试验区处于槽前暖湿气流中，飞机观测的层状云系为典型的冷锋降水云系。飞机抵达试验区后，下降高度至云系底部，10:28—11:48，在青海省河南县气象站西北方向约 10 km、泽库县气象站西南方向约 15 km 的上空，对云系分 6 层实施分层垂直探测，探测飞行共约 1 h 20 min。地面气象观测表明，河南、泽库 2 站 08:00、14:00 云状均为蔽光高层云（Asop）。

如图 4.1 所示，飞行观测过程中大气温度随时间的演变符合该地区冷锋降水云系的垂直高度特征。飞行宏观观测显示，云系自上而下为卷层云—上层高层云—下层高层云（Cs—上层 As—下层 As）配置，中间明显存在 2 层干层。10:28 飞机降低高度至海拔高度（H）5100 m，以固定始航点、折返点的方式，自下而上，从下层 As 云底开始盘旋平飞探测后，盘旋爬升，调整高度，分别在下层 As 云中下部、中上部、顶部和 Cs 云底部、顶部，即 5350 m、5700 m、6000 m 和 7500 m、7800 m 平飞探测。每层探测水平距离约 50 km。

整个云系在 0 ℃层以上，无明显逆温出现。在云系下层 As 底部和中下部位平飞探测时温度变化幅度较大，但均未超过 1.5 ℃，各高度层基本上可代表其相应的温度层。自下而上，各平飞探测层平均温度依次为：−8.9 ℃、−9.2 ℃、−10.4 ℃、−13.6 ℃、−23.2 ℃、−24.7 ℃。探测飞行结束约 20 min 后，河南站、泽库站均出现降水，稳定持续至次日凌晨结束，过程降水量分别为 9.8 mm、11.3 mm。13 日 20:00 河南站、泽库站云状也均为 Asop。

观测试验前，对前向散射粒子谱探头 FSSP-100（简称 FSSP）、二维灰度云粒子探头 OAP-2D-GA2（简称为 2DC）和热线液态含水量仪 King-LWC-5（简称 King）进行了系统标定，并对 King 探头进行了晴空飞行校准，飞行前维护良好，观测时运行稳定，数据质量可靠。探测时因云中未出现降水粒子，二维灰度降水粒子探头未观测到资料。

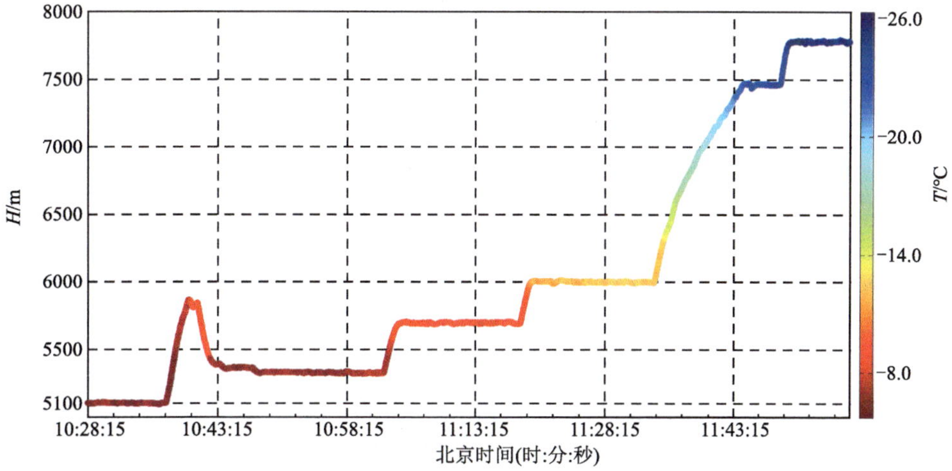

图 4.1 分层垂直探测飞行的航迹示意图

4.2 云微物理量的垂直分布特征

图 4.2 为云系垂直分层结构示意图和 FSSP、2DC、King 探头观测值随高度的分布图。飞行宏观观测显示，Cs 位于 7400～7800 m 高度处，厚 300～400 m，云体呈白色丝缕状。分为上下两层的 As 分别位于 6400～6600 m、5100～6200 m 高度处，中间有约 200 m 的干层。上层 As 为厚 150～200 m 的絮雾状松散透光云层，下层 As 为厚度达 1100 m 的密实云层。

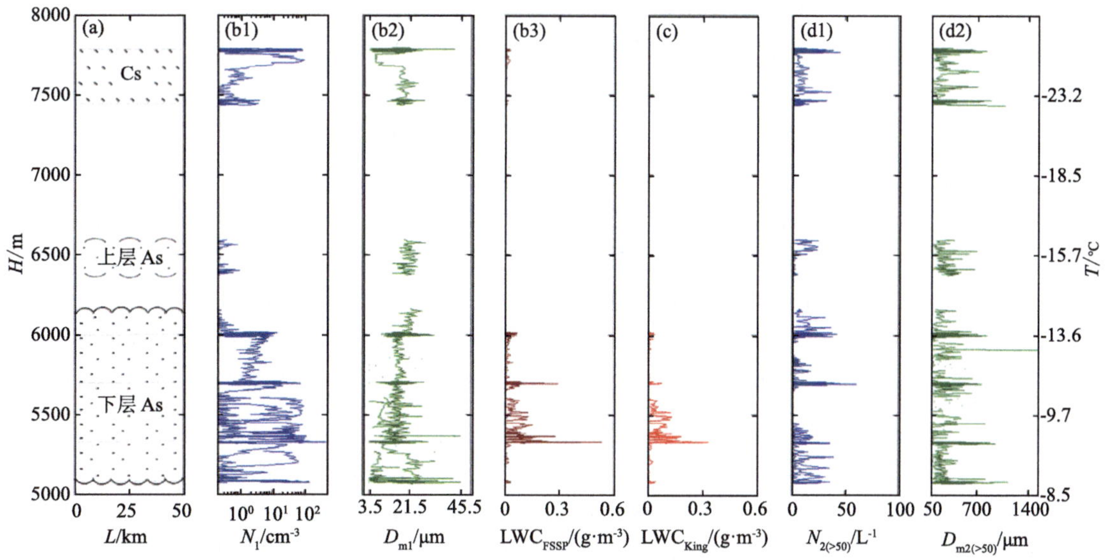

图 4.2 云系垂直分层结构图(a)和 N_1(b1)、D_{m1}(b2)、LWC_{FSSP}(b3)、LWC_{King}(c)、$N_{2(>50)}$(d1)、$D_{m2(>50)}$(d2)随海拔高度的垂直变化

由图 4.2 可见,FSSP 和 2DC 在 Cs、上层 As、下层 As 中都观测到云粒子存在(图 4.2b1、b2、b3 和 d1、d2),在 Cs 和上层 As 中 King 探头均未观测到液态过冷水(图 4.2c)。由图 4.2b1、b2、b3 和 c 可见,Cs 云中 FSSP 观测到有浓度较高且直径较大的云粒子存在,但 LWC_{FSSP} 很小,表明其较大尺度云粒子浓度远远小于下层 As。上层 As 云体很稀疏,云粒子零散分布。只有在下层 As 中 FSSP 观测到有浓度较高而直径较小的云粒子呈垂直连续分布。其中,在下层 As 中上部、中下部位(5700 m、5350 m)LWC_{FSSP} 和 LWC_{King} 均出现极值,LWC_{King} 最大值达 0.33 g·cm^{-3}。LWC_{FSSP} 与 LWC_{King} 的垂直分布变化趋势一致,但数值有明显差异。由图 4.2d1 和 d2 可见,在 Cs、上层 As 和下层 As 中 2DC 都观测到有大尺寸云粒子连续分布,$N_{2(>50)}$ 和 $D_{m2(>50)}$ 的极大值出现下层 As,即位于云系底层的下层 As 中 50 μm 以上的云粒子浓度最高、谱宽最大。

将下层 As 中的微物理量值,与中国北方其他地区类似云型及三江源地区秋季的观测结果(王黎俊 等,2013a)比较表明,该地区 As 的 FSSP 所测平均浓度明显高于中国北方内陆地区的层状云系,且高于该地区秋季观测结果,具有较为明显的地区特征,这主要与三江源地区充沛水汽有关(赵仕雄 等,2003)。

4.3 各云层云粒子水平分布特征及相态的判别

4.3.1 下层 As 中下部位

(1)下层 As 中下部位云微物理量水平分布特征

在下层 As 云底(5100 m)平飞探测时,时有云隙出现,且无明显过冷水高值区出现,因此本研究对该层资料不作单独分析。图 4.3 给出了 10:44:01—11:02:57 在下层 As 中下部位(5350 m,−9.2 ℃)平飞时 FSSP、2DC、King 探头观测的粒子浓度、直径、瞬时谱和含水量。

由图 4.3a 可以发现,下层 As 中下部的 N_1 水平分布差异较大,高、低值区相差 2～3 个量级,最大值可达 450 cm^{-3}。当 N_1 超过 10 cm^{-3} 以上时,有明显的 LWC_{FSSP}、LWC_{King} 高值区(均>0.1 g·cm^{-3})出现(L1～L6 区)(图 4.3b),D_{m1} 集中在 15～20 μm。而当 N_1 小于约 1 cm^{-3} 时,D_{m1} 及 $n(D_i)$ 呈离散分布,无明显液态过冷水区出现。

同时,由图 4.3b 可见,LWC_{FSSP} 与 LWC_{King} 变化趋势基本相同,而在过冷水高值区 LWC_{FSSP} 明显高于 LWC_{King},且 N_1 越大、LWC_{FSSP} 越大,与 LWC_{King} 差异越明显(见 L5～L6)。结合图 4.3c 可知,FSSP 量程内不同尺寸云粒子 $n(D_i)$ 的不同变化是造成这种差异的原因。

进一步由 FSSP、2DC 所测的云粒子瞬时谱(图 4.3c、e)可见,其谱分布在过冷水高、低值区存在明显差异。结合图 4.3d 所示,在下层 As 中下部 2DC 所测大尺寸云粒子主要出现在过冷水低值区,$N_{2(>50)}$ 集中在 1～20 L^{-1} 范围内,$D_{m2(>50)}$ 离散分布,最大直径在 1000 μm 以上。而在过冷水高值区,2DC 几乎未观测到大尺寸云粒子。表明在该云层中,一方面,因充沛的水汽供应及饱和水汽压,小尺寸云粒子由凝结产生,并不断凝结增长,但这种云滴增长方式很难产生较大尺寸云粒子(见 L1～L6);另一方面,因相对于冰面的过饱和水汽压,使较小尺寸的冰相云粒子迅速凝华增长,并不断使较小的液态云粒子蒸发变小,而越小的液态云粒子蒸发越快。在 L1～L3 过冷水高值区,3.5～9.5 μm 尺寸范围内云粒子的 $n(D_j)$ 明显小于 12.5～

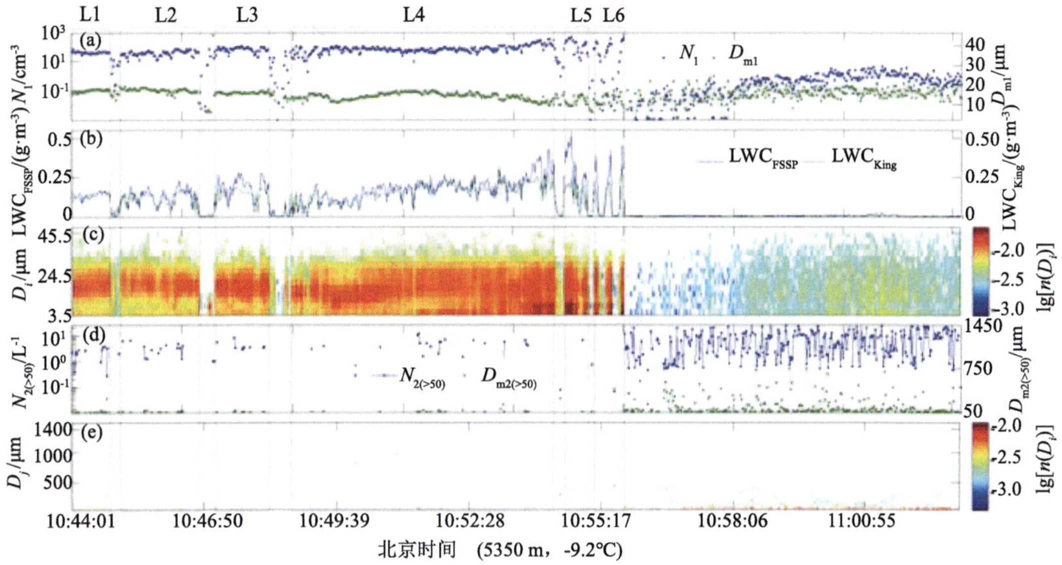

图 4.3　下层 As 中下部位的 N_1 和 D_{m1}(a)、LWC_{FSSP} 和 LWC_{King}(b)、FSSP 瞬时谱(c)、$N_{2(>50)}$ 和 $D_{m2(>50)}$(d)、2DC($D>50$ μm)瞬时谱(e)随时间的水平变化

27.5 μm 云粒子(图 4.3c)。同时,由过冷水低值区的 FSSP、2DC 瞬时谱(图 4.3c、e)分布表明,由前述"冰晶效应"产生的大量冰晶粒子,不断与液态云粒子碰并及凇附增长,出现大量的大尺寸冰相粒子,并不断消耗液态过冷水,形成过冷水低值区。

(2)下层 As 中下部位云粒子相态的判定

首先,辨别 2DC 所测粒径大于 50 μm 以上云粒子相态。在该层的 2DC 云粒子图像主要为冰雪晶聚合体、不规则冰晶和少量柱状冰晶(图略),且在 53～125 μm 粒径范围内未发现球形粒子存在,由此判定粒径 50 μm(即 $D_j \geqslant 54.88$ μm)以上的云粒子相态为冰相。

其次,判断 FSSP 量程内云粒子相态。通过观察 LWC_{King} 与 LWC_{FSSP} 在过冷水高值区的差异情况(图 4.3b)可见,在 L1、L2 区和 L4 区的大部分区域,LWC_{King} 与 LWC_{FSSP} 相近,在 3.5～27.5 μm 尺寸范围内的云粒子以高 $n(D_i)$ 值连续分布(图 4.3c)。而在 L3、L5、L6 区和 L4 区的部分区域,LWC_{King} 明显小于 LWC_{FSSP},$D_i \geqslant 30.5$ μm 均有大量 $n(D_i)$ 值较高的云粒子不连续分布。此外,分析图 4.3c 所显示的过冷水高值区的 FSSP 瞬时谱发现,LWC_{King} 主要随 3.5 μm$\leqslant D_i \leqslant$27.5 μm 区间内 $n(D_i)$ 值的变化而变化。计算该区间内的含水量(记为 $LWC_{FSSP(3.5\sim27.5)}$),与过冷水高值区的 LWC_{King} 比较,并由 King 探头有效探测下限 0.01 g · m^{-3} (Tessendorf et al.,2012)以上数据检验二者的相关性。

如图 4.4 所示,在 $LWC_{King}>0.01$ g · m^{-3} 的过冷水高值区,$LWC_{FSSP(3.5\sim27.5)}$ 数值基本在 $LWC_{King}\pm15\%$ 的相对误差范围内,LWC_{King} 与 $LWC_{FSSP(3.5\sim27.5)}$ 线性相关的判定系数 R^2 为 0.964,通过 $\alpha=0.05$ 的显著性检验,且线性拟合线几乎与中轴线重合,说明 LWC_{King} 与 $LWC_{FSSP(3.5\sim27.5)}$ 存在显著的对称相关性。

由以上分析表明,在下层 As 中下部位液态云粒子集中分布在 3.5～27.5 μm 的尺寸范围内,而 30.5～45.5 μm 尺寸范围内的云粒子基本上为冰晶。

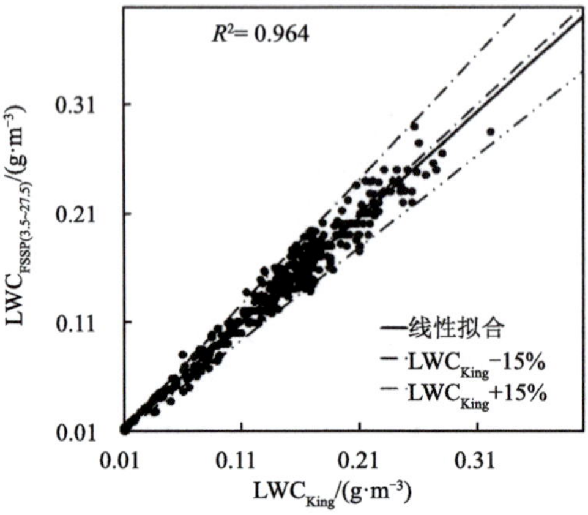

图 4.4　下层 As 中下部位液态含水量 LWC_{King} 与 $LWC_{FSSP(3.5\sim27.5)}$ 线性相关性

4.3.2　下层 As 中上部及顶部

(1)下层 As 中上部及顶部云微物理量水平分布特征

图 4.5 给出了 11:05:03—11:18:15、11:20:20—11:34:13 分别在下层 As 中上部(5700 m，−10.4 ℃)和顶部(6000 m，−13.6 ℃)平飞探测时 FSSP、2DC、King 探头观测的粒子浓度、直径、瞬时谱和含水量。

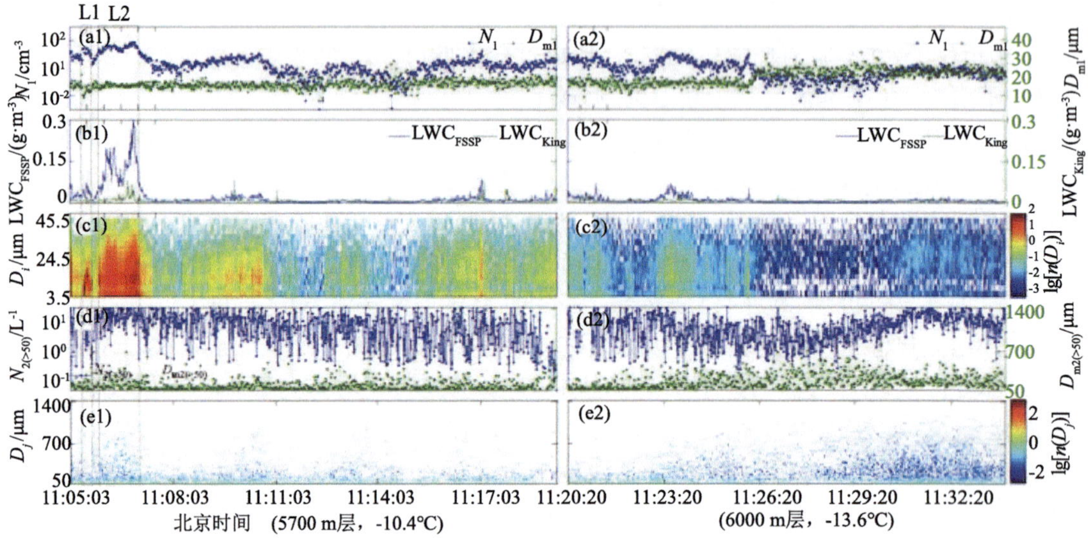

图 4.5　下层 As 中上部位的 N_1 和 D_{m1}(a1)、LWC_{FSSP} 和 LWC_{King}(b1)、FSSP 瞬时谱(c1)、$N_{2(>50)}$ 和 $D_{m2(>50)}$(d1)、2DC($D>50$ μm)瞬时谱(e1)随时间的水平变化；(a2)—(e2)同(a1)—(e1)，但为下层 As 顶部

由图 4.5a1 可见，在下层 As 中上部的 N_1 高值区与低值区同样相差 2～3 个量级，但 D_{m1} 集中在 15～20 μm 范围内，无明显变化。同样，当 N_1 超过 10 cm^{-3} 以上时有含水量高值区出现(L1 和 L2)，过冷水高值区对应 $n(D_i)$在 3.5～27.5 μm 粒径范围内出现高值区(图 4.5c)。

但与下层 As 中下部不同，2DC 同时观测到有较高浓度的大尺度云粒子出现（图 4.5d1、d2）。另外，由 2DC 云粒子图像（图略）可见，该时刻有冰雪晶聚合体、冰雪晶淞附体出现。表明在下层 As 中上部过冷水高值区产生的冰晶，同时与液态过冷水聚合，从而出现淞附增长。在下层 As 顶部无明显 N_1、$n(D_i)$ 高值区及含水量高值区出现（图 4.5a2、b2、c2）。在 N_1 低值区，即松散云体区域，$n(D_i)$ 离散分布，且其瞬时谱在 $D_i=6.5\sim9.5$ μm 粒径范围内出现大量空白区域（图 4.5c2），这主要是由云层顶部较小尺寸液态云滴的蒸发造成的。

（2）下层 As 中上部过冷水高值区云粒子相态的判定

由图 4.5b1、b2 可见，在 As 中上部位过冷水高值区 LWC_{King} 与 LWC_{FSSP} 变化趋势基本相同，但差值较大。根据本研究 4.3.1 节相同方法判别，结果表明下层 As 中上部和顶部粒径大于 50 μm 以上的云粒子相态为冰相。$LWC_{FSSP(3.5\sim27.5)}$ 基本在 $LWC_{King}\pm15\%$ 范围内，LWC_{King} 与 $LWC_{FSSP(3.5\sim27.5)}$ 同样有显著的对称相关性（线性判定系数 R^2 为 0.957，通过 $\alpha=0.05$ 的显著性检验），下层 As 中上部过冷水高值区的液态过冷水滴也主要集中在 $D_i=3.5\sim27.5$ μm 的尺寸范围内。

4.3.3　卷层云

图 4.6 给出了在 Cs 底部和顶部的 FSSP、2DC 所测云粒子浓度、直径及瞬时谱随时间变化图。在 Cs 内 King 探头未探测到液态过冷水（图 4.6b1、b2），FSSP 瞬时谱、2DC 瞬时谱同时存在明显的不连续现象（图 4.6c1、c2、e1、e2），由此推断 Cs 为冰云。由图 4.6a1、b1、c1 可见，FSSP 在 Cs 底部未观测到明显的 N_1 高值区，$n(D_i)$ 基本上为离散分布，但 2DC 观测到有较高浓度的大尺寸云粒子存在（图 4.6d1、e1）。而在 Cs 顶部出现明显的 N_1、LWC_{FSSP} 高值区及 $n(D_i)$ 高值区（图 4.6a2、b2、c2），云粒子主要集中在 $D_i=3.5\sim9.5$ μm 粒径范围内，且 2DC 未观测大尺寸云粒子。推测在 7800 m 存在高空水汽输送，凝华产生较高浓度的小尺寸冰晶。

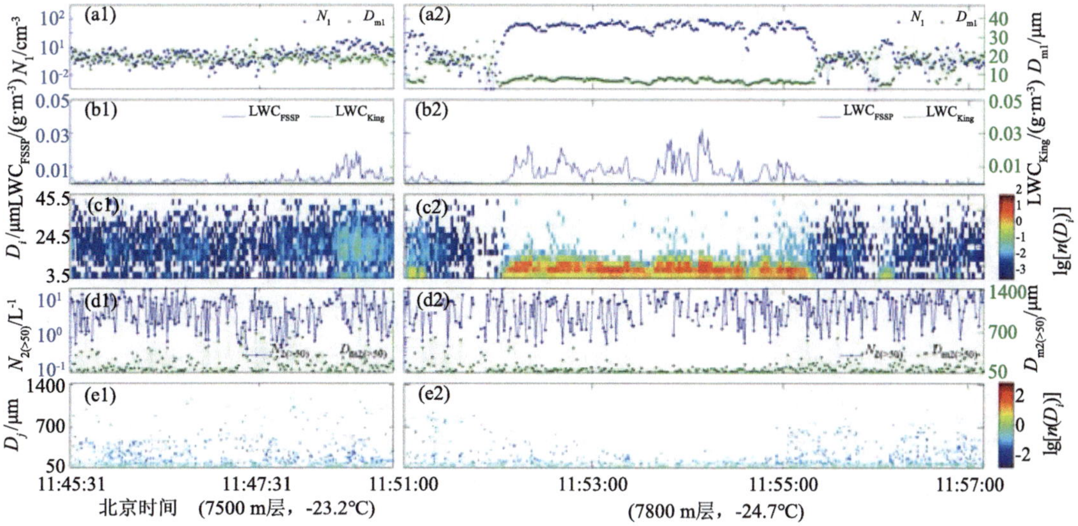

图 4.6　Cs 底部的 N_1 和 D_{m1}（a1）、LWC_{FSSP} 和 LWC_{King}（b1）、FSSP 瞬时谱（c1）、$N_{2(>50)}$ 和 $D_{m2(>50)}$（d1）、2DC（$D>50$ μm）瞬时谱（e1）随时间的水平变化；（a2）—（e2）同（a1）—（e1），但为 Cs 顶部

4.4 平均谱分布特征和云粒子增长机制的探讨

此次分层垂直探测时段为云系的成熟阶段。图 4.7 给出了在各平飞探测高度层的 FSSP 和 2DC 平均谱分布。云系由冰晶层和过冷混合层组成。7800 m、7500 m 为冰晶层，6000 m、5700 m、5350 m 为过冷混合层。因 FSSP、2DC 所测云粒子浓度及瞬时谱在同一高度层存在差异，云系各过冷混合层的 FSSP 平均谱分布主要体现为浓度高值区、过冷水高值区的云粒子谱特征，而 2DC 平均谱分布体现为该层平均状况。

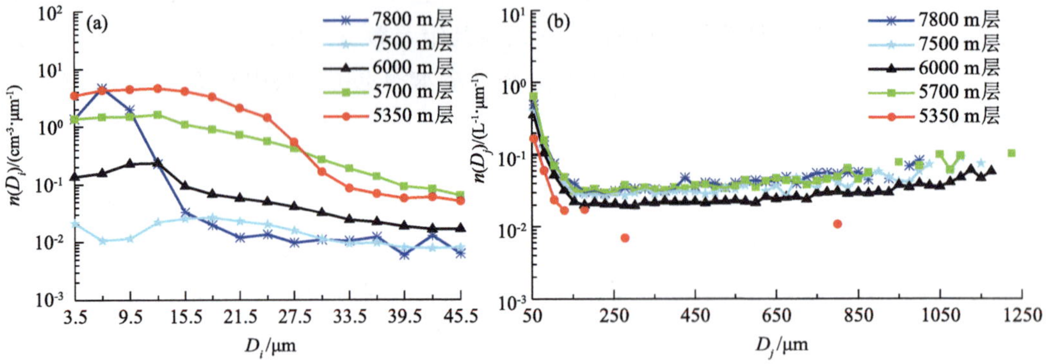

图 4.7　云系各高度层平均云粒子谱分布图
(a)FSSP 观测，(b)2DC 观测

由云系的冰晶层到过冷混合层，除 Cs 底部(7500 m)外，FSSP 平均谱分布的谱型基本上为单峰型 Γ 分布(图 4.7a)，而中国北方地区混合态云中观测的谱型(张佃国 等，2007，2011；王扬锋 等，2007；彭冲 等，2016)为负指数型分布，其 FSSP 观测到的云粒子相态均为液态。在过冷混合层，从下层 As 顶部到中下部，谱峰值依次上行，而峰值均在约 12.5 μm 处。下层 As 中下部(5350 m)的谱线在 27.5 μm 处与中上部(5700 m)的谱线交叉下行，表明下层 As 云中下部液态云滴(D_i = 3.5～27.5 μm)浓度比中上部高，而较小尺寸冰晶粒子(D_i = 30.5～45.5 μm)浓度比中上部低。这是云系中液态水含量最大值出现在下层 As 中下部的原因。

云系中 2DC 平均谱谱型均为负指数型(图 4.7b)。除下层 As 中下部有 150 μm 以上云粒子离散分布，且未出现 800 μm 以上云粒子外，其他各高度层的谱线较为接近，谱宽随着高度降低而变宽，在下方 As 中上部达最大值，且随着尺度增大有浓度随之增大的趋势。

此次观测发现在冰晶层中有较高浓度的 1000 μm 以上粒子出现，这与在三江源地区秋季层状云的观测结果(王黎俊 等，2013a)不同，后者在冰晶层中未观测到 400 μm 以上云粒子。由此推测，因该高度层的高空水汽输送，除冰晶的凝华增长、碰并增长外，可能存在丛集、凇附增长，从而产生大尺寸的雪晶粒子及雪晶结凇体、冰雪晶聚合体。

当层状云厚度较大、过冷水含量较为丰富，凝华、聚并和凇附增长起主导作用，基本符合“播撒-供给”降水形成机制(郭学良 等，2021)。本次观测到的下层 As 厚度达 1000 m 以上，且云滴浓度、液态过冷水含量较高，为产生凇附增长提供了有利条件。由下层 As 的 FSSP、2DC

谱分布推测，一方面，因该高度层充沛的水汽输送，液态云滴在云层中下部大量产生，并形成过冷水含量高值区，但仅通过云内的冰水转化及凝华增长、碰并增长，很难产生大尺寸的冰相粒子。另一方面，因锋面暖湿气流的向上运动，促使在下层 As 中下部及中上部的过冷水含量高值区，通过凇附增长产生 1250 μm 以上冰相粒子及可降水性冰相粒子。由此表明，作为主体降水云层的下层 As 中凇附增长是产生大尺寸冰相粒子的主要机制。

4.5　云系含水量及过冷水含量比率的垂直分布特征

本研究参照王黎俊等(2013b)的方法分段计算 IWC：对于 FSSP 所测 30.5 μm$\leqslant D_i \leqslant$ 45.5 μm 范围内($i=10,\cdots,15$)冰晶粒子，假定为球形冰相粒子计算；对于 2DC 所测 50 μm 至 125 μm(即 54.88 μm$\leqslant D_j \leqslant$104.38 μm，$j=2,\cdots,4$)尺寸范围内的非球形冰相粒子，采用新疆层状云的经验回归系数 $a=0.04$、$b=3$(游来光 等，1989)；对于 2DC 所测 $D_j \geqslant$129.12 μm($j \geqslant 5$)的冰相粒子，采用美国阿拉斯加地区混合态云的经验回归系数 $a=1.07\times10^{-10}\,\mathrm{g}\cdot\mu\mathrm{m}^{-1.7}$，$b=1.7$(McFarquhar et al.，2007)。则 IWC 可表示为：

$$\mathrm{IWC}=\frac{\pi}{6}\times10^{-6}\rho_i\sum_{i=10}^{15}D_i^3 n(D_i)\Delta D_i+\sum_{j=2}^{4}0.04\times10^{-9}D_j^3 n(D_j)\Delta D_j + \sum_{j=5}^{m}0.107\times10^{-9}D_j^{1.7}n(D_j)\Delta D_j \tag{4.1}$$

式中，ρ_i 为冰相水密度(单位：$\mathrm{g}\cdot\mathrm{cm}^{-3}$)。

用 King 探头实测值来表示 LWC(McFarquhar et al.，2007)。则过冷水含量比率 f_1 可表示为：

$$f_1=\frac{\mathrm{LWC_{King}}}{\mathrm{LWC_{King}}+\mathrm{IWC}} \tag{4.2}$$

图 4.8 给出了飞机在整个云系底部至顶部盘旋上升垂直探测的 FSSP 瞬时谱、2DC($D>$ 50 μm)瞬时谱、IWC、TWC 和过冷水高值区 f_1 随高度及温度的变化图。其中在各平飞高度层的数据，以该层过冷水高值区的平均数据代替。

由图 4.8a、b 和 c 可见，在整个下层 As 内，基本上为 $n(D_i)$ 高值区，并在 3.5～27.5 μm 段(液态云滴集中分布的粒径范围)的 $n(D_i)$ 高值区，即下层 As 中下部至中上部，出现过冷水高值区。$n(D_j)$ 高值区出现在下层 As 中部至顶部的高度范围内。在过冷混合层中，因 $D_i=$ 30.5～48.5 μm 冰晶粒子的 $n(D_i)$较 50 μm 以上冰相粒子的 $n(D_j)$要大 2～3 个量级，所以 IWC 主要由 30.5～45.5 μm 粒径范围内云粒子浓度决定。IWC 相应在下层 As 中下部、中上部和近顶部出现高值区。TWC 高值区主要出现在云层中下部至中上部，并在云层中下部达到最大值 0.34 $\mathrm{g}\cdot\mathrm{cm}^{-3}$。在 Cs 中，因无液态过冷水，IWC 线与 TWC 线重合。在 Cs 顶部因出现 3.5～9.5 μm、50～150 μm 粒径范围的冰晶粒子的 $n(D_i)$、$n(D_j)$ 高值区，IWC 相应出现高值区。

由图 4.8c 可见，在下层 As 过冷水高值区，f_1 在云层中下部至中部的高度范围内存在高值区，平均值及标准差(σ)达 95.6%±5.6%，明显高于其中上部(79.8%±12.1%)。下层 As 中上部至中下部高度范围内的 f_1 平均值为 90.8%±10.9%。

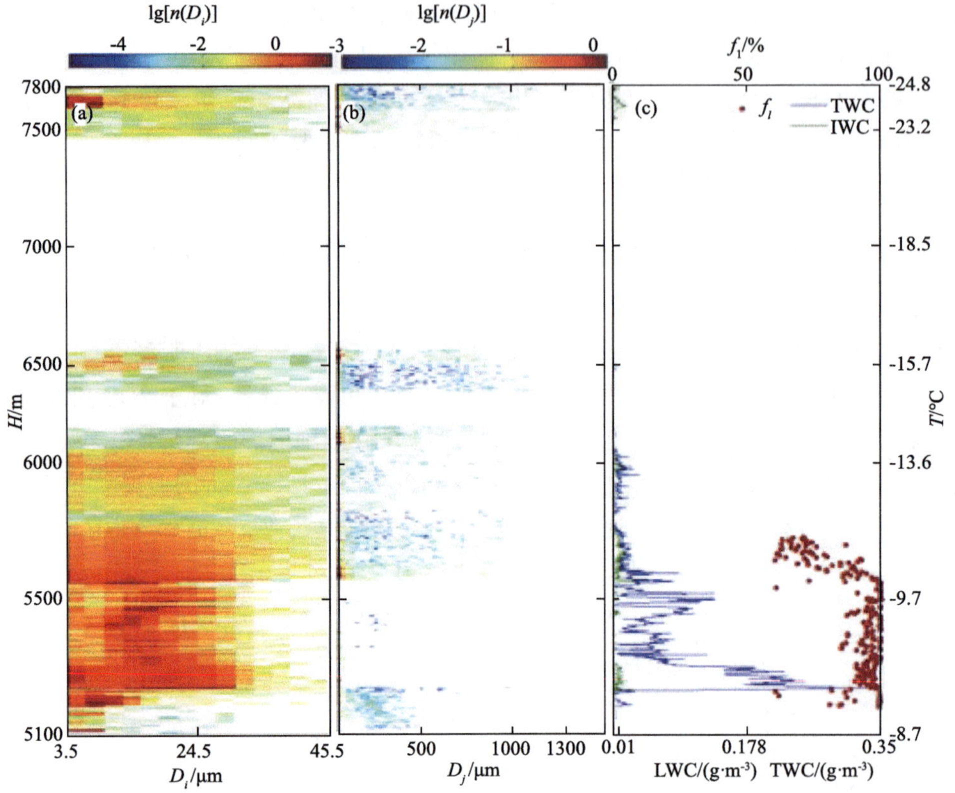

图 4.8　云系垂直结构的 FSSP 瞬时谱(a)；
2DC($D>50$ μm)瞬时谱(b)；冰相含水量 IWC、
总含水量 TWC、过冷水高值区过冷水含量比率 f_1(c)随高度的变化

4.6　本章小结

本研究利用三江源地区飞机观测试验期间进行完整分层垂直探测的飞机观测资料，基于云粒子相态综合判别，详细分析了典型降水性层状云系的垂直结构、水平分布、平均谱分布和含水量及过冷水含量比率的垂直分布特征，得到如下结论。

(1)三江源地区春季典型层状云系主要由 3 层云层组成，其中位于最高层的卷层云为冰云，分为上、下两层的高层云为过冷混合态云。处于成熟阶段的下层高层云厚度达 1000 m 以上，过冷水高值区主要分布在云层中上至中下部位，在中下部位云粒子浓度和过冷水含量最大，具有较明显的地区特性。

(2)对下层高层云过冷水高值区云粒子相态判别结果认为，粒径大于 50 μm 的云粒子为冰相粒子，30.5～45.5 μm 的云粒子基本上为冰晶，液态云粒子主要集中在中值直径为 3.5～27.5 μm 的粒径范围内。

(3)云系各高度层 50 μm 以上云粒子的平均谱均为负指数型分布，凇附增长是下层高层

云产生可降水性云粒子的主要机制。下层高层云各高度层 3.5～48.5 μm 云粒子的平均谱基本上为单峰型 Γ 分布，过冷水高、低值区的 FSSP 云粒子瞬时谱分布存在明显差异。下层高层云中下部过冷水高值区存在较明显的"冰晶效应"，中上部有较明显的凇附增长现象。

(4)云系含水量(TWC)高值区主要分布在下层 As 中下部至中上部的高度范围内，在下层高层云中下部达到最大值 0.34 $g \cdot cm^{-3}$。在云系过冷水高值区，液态过冷水含量比率的平均值达 90.8%±10.9%，且在下层 As 中部至中下部位(95.6%±5.6%)明显高于中上部(79.8%±12.1%)，该云系的微物理结构特性为人工增雨作业催化提供了有利条件。

参考文献

郭学良，付丹红，郭欣，等，2021. 我国云降水物理飞机观测研究进展[J]. 应用气象学报，32(6)：641-652.

韩辉邦，张玉欣，郭世钰，等，2022. 三江源区积层混合云微物理特征机载观测试验研究 [J]. 干旱区研究，39(5)：1360-1370.

彭冲，周毓荃，蔡兆鑫，等，2016. 一次基于飞机观测的低槽冷锋云系微物理结构的综合分析[J]. 大气科学学报，39(5)：620-632.

王黎俊，银燕，李仑格，等，2013a. 三江源地区秋季典型多层层状云系的飞机观测分析[J]. 大气科学，37(5)：1038-1058.

王黎俊，银燕，姚展予，等，2013b. 三江源地区秋季一次层积云飞机人工增雨催化试验的微物理响应[J]. 气象学报，71(5)：925-939.

王扬锋，雷恒池，樊鹏，等，2007. 一次延安层状云微物理结构特征及降水机制研究[J]. 高原气象，26(2)：388-395.

游来光，王守荣，王鼎丰，等，1989. 新疆冬季降雪微结构及其增长过程的初步研究[J]. 气象学报，47(1)73-81.

张佃国，郭学良，付丹红，等，2007. 2003 年 8-9 月北京及周边地区云系微物理飞机探测研究[J]. 大气科学，31(4)：596-610.

张佃国，郭学良，龚佃利，等，2011a. 山东省 1989-2008 年 23 架次飞机云微物理结构观测试验结果[J]. 气象学报，69(1)：195-207.

张佃国，姚展予，龚佃利，等，2011b. 环北京地区积层混合云微物理结构飞机联合探测研究[J]. 大气科学学报，34(1)：109-121.

赵仕雄，德力格尔，涂多彬，2003. 黄河上游降水云层对流特性及降水微结构机制研究[J]. 高原气象，22(4)：385-392.

MCFARQUHAR G M，ZHANG G，POELLOT M R，et al，2007. Ice properties of single-layer stratocumulus during the Mixed-Phase Arctic Cloud Experiment：Ⅰ. Observations[J]. J Geophys Res，112：D24201.

TESSENDORF S A，BRUINTJES R T，WEEKS C，et al，2012. The Queensland cloud seeding research program[J]. Bull Amer Meteor Soc，93(1)：75-90.

第5章　三江源秋季积层混合云微物理特征

积层混合云由层状云和嵌入其中的对流云组成，生命期较长，是我国北方主要降水云系，也是实施飞机人工增雨的主要目标云系（洪延超，1996；黄敏松 等，2021；何晖 等，2015；范烨等，2010；朱士超和郭学良，2015）。自 20 世纪 70 年代起，国内外先后开展了一系列针对积层混合云系的飞机探测研究（黄美元 等，2003；洪延超 等，2011；Plummer et al.，2014）。Evans等（2005）研究发现，嵌入层状云中的对流单体液态含水量更高，上升速度更快，能够产生更多的冰晶；范烨等（2010）研究北京地区积层混合云结构发现，大粒子分布较均匀，小粒子在对流区内外差距较大，对流区内浓度大尺度小；张佃国等（2007）研究环北京地区积层混合云微物理结构特征发现，云粒子谱在高层为单峰谱，底层为双峰谱，降水粒子在不同高度均为单峰谱；朱士超等（2015）研究发现，华北地区积层混合云中观测的液态含水量呈不均匀分布，最大值可达 1.5 $g \cdot m^{-3}$；王元等（2017）分析河北地区积层混合云飞机探测资料发现，嵌入式积云区温度低于周围层云区，含水量分布不均且大于层云区；亓鹏等（2019）研究华北太行山东麓积层混合云中对流泡和融化层结构特征发现，在含有高过冷水含量的对流泡中，冰粒子增长主要是聚并和凇附增长，而在过冷水含量较低的云区以聚并增长为主；刘香娥等（2020）研究北京地区积层混合云垂直结构发现，云中冰晶形状主要有板状、针柱状、辐枝状和不规则状，冰晶的聚合是云中粒子增长的主要过程；高茜等（2020）研究发现，华北地区积层混合云中层云区和积云区冰粒子形状和形成过程有明显差别，层云区的粒子形状组成比较复杂，包含针状、柱状和辐枝状等，而积云区主要以辐枝状粒子为主，聚并、凇附过程明显。

受地理位置和气候特征等影响，青藏高原地区云系结构及物理特征与平原地区有很大差异。目前，国内已有学者开展了一些针对高原云物理特征的相关研究，徐祥德等（2002）认为，青藏高原中小尺度对流泡较多，并对应着窄长的上冲热泡；傅云飞等（2007）利用 TRMM 卫星资料研究发现，高原降水云团多呈零散块状的水平分布，降水存在塔状分布特征；常祎等（2016）研究青藏高原夏季对流云发现，受高原加热效应影响，对流云在 11:00 发展，17:00—18:00 达到最强；王黎俊等（2013）研究三江源地区秋季层积云增雨催化试验的微物理响应发现，云粒子中值直径集中在 3.5～18.5 μm，直径在 21.5～45.5 μm 的云粒子基本为冰晶。但受观测手段等因素限制，三江源地区云物理相关研究较少，因此，开展三江源及青藏高原地区云物理及云降水特征研究，将有助于掌握该地区降水形成演变规律，对提升高原山区空中云水资源开发利用率、提高天气预报和人工影响天气水平具有重要意义，同时也可为保护高寒湿地生态环境及水源涵养提供必要的数据支撑。本研究利用"第二次青藏高原综合科学考察研究"项目在三江源地区开展的飞机云物理探测试验数据，对 2020 年 9 月 13 日三江源泽库地区一次积层混合云宏微观物理特征进行研究，揭示该地区积层混合云系的微物理结构和降水形成机制，为科学有效开展人工增雨作业提供支撑。

5.1　资料和飞行观测概况

5.1.1　资料

探测平台为空中国王 350 飞机搭载的云物理探测系统(Droplet Measurement Technologies,DMT)。包括:(1)飞机综合气象要素测量系统(Aircraft Integrated Meteorological Measurement System,AIMMS),用于测量温度、湿度、风速、风向和飞行轨迹等;(2)云粒子图像探头(Cloud Imaging Probe,CIP),测量范围 25～1550 μm,共分 62 档,分辨率为 25 μm,用于探测冰晶和大云滴,并输出二维图像,本研究将 CIP 探测的云粒子简称为 CIP 粒子;(3)热线含水量仪(Hotwire Liquid Water Content,LWC),测量范围 0.01～3.00 $g \cdot m^{-3}$,用于探测云中液态含水量。探测仪器经国内专业机构定期标定,每次飞行前定时维护,设备运行稳定,数值质量可靠。

为减少仪器带来的误差,参考 Field 等(2006)处理方法,剔除 CIP 数据第一档观测值,同时,由于 CIP 原始数据为图像数据,利用美国国家大气研究中心(National Center for Atmospheric Research,NCAR)开发的数据分析系统(The System for OAP Data Analysis,SODA)对二维图像数据进行处理。粒子图像校正使用破碎校正方法,该方法基于粒子到达时间进行粒子破碎校正,详见文献(Field et al.,2006)。探测飞行时对 LWC 进行晴空无云标定,以保证获取精确的云内液态含水量。

5.1.2　飞行观测概况

探测目标区青海省黄南藏族自治州泽库县位于三江源东部黄河上游第一弯处,海拔 3662 m,为高原大陆性季风气候,属高原亚寒带湿润气候区,年平均气温 −0.7 ℃,年平均降水量 548 mm 且分布不均,是黄河上游地区重要的水源涵养地和产流区。同时,研究区水汽资源丰富,20 世纪 90 年代在该地区开展过一些人工增雨科学试验,取得了初步的研究成果(雷恒池 等,2001;王宏 等,2004;李娟 等,2006;王黎俊 等,2007a、b)。历年气象观测资料表明,三江源地区降水云系主要为蔽光高层云,受高原复杂地形影响,系统前期常伴随出现地形积云,形成积层混合云降水,并由中小尺度天气引发形成强对流云性降水。此外,原属于稳定性降水的层积云,却经常演化为积云,并伴随蔽光高层云和地形积云出现,形成较大的降水(王黎俊 等,2007a)。因此,积层混合云是三江源地区主要降水云系,也是开展人工增雨作业的主要目标云系。本研究所选飞机探测云系为三江源地区典型降水天气系统积层混合云,具有一定的典型性。研究区地形及实际飞行航迹见图 5.1。

图 5.2 为 2020 年 9 月 13 日观测时卫星真彩图像,图中红框为观测区域。9 月 12—13 日,由西亚大槽分离的高原槽沿 35°N 东移,结合北部东移南压的北槽,在青藏高原东部形成大范围降水。在 13 日高原槽逐渐移出,探测时 500 hPa 高空为低压槽后,风向为偏西风。云系主要位于观测区以东,观测区在飞机观测时由不均匀的混合云系覆盖。

飞机飞行时间为 2020 年 9 月 13 日 08:53—11:29(北京时,下同),总飞行时间 2 h

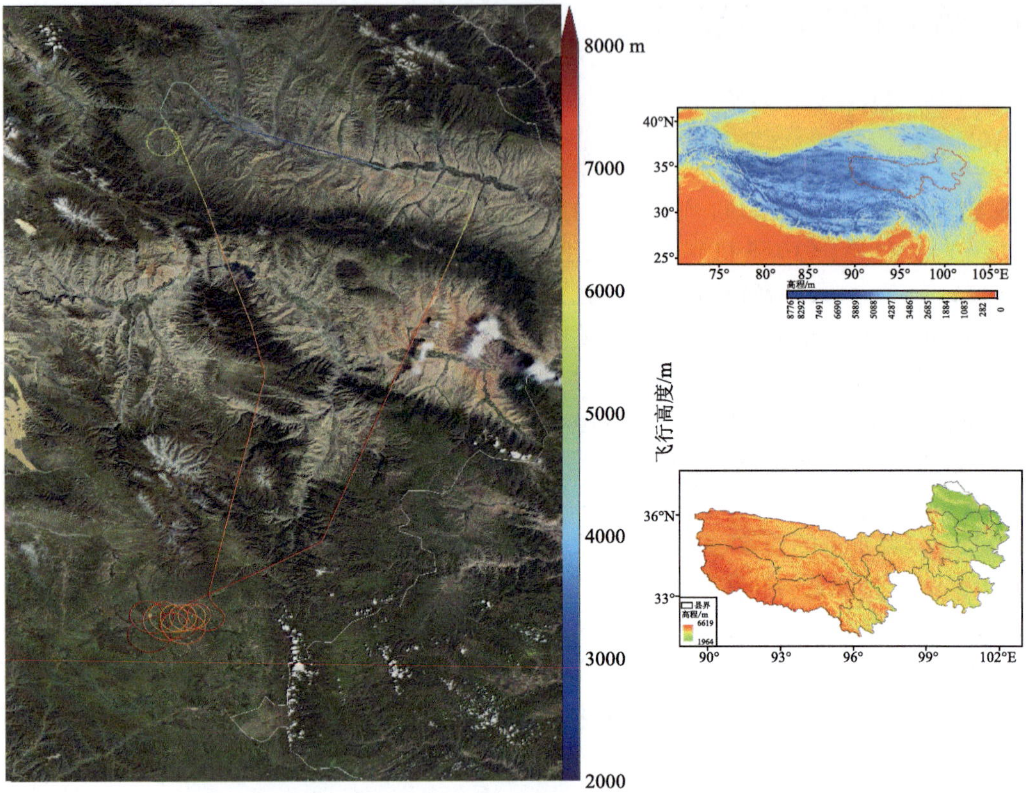

图 5.1　研究区及飞行航迹

图 5.2　2020 年 09 月 13 日 08:00(北京时)天气背景

36 min。探测时间为 09:40—10:30,探测区域云系为积层混合云,探测高度为 7850～6600 m,共平飞探测 5 层(7850 m、7500 m、7200 m、6900 m、6600 m),总探测时长为 50 min,获取 2161 个样本数据,本次飞行线路及探测航线见图 5.3。

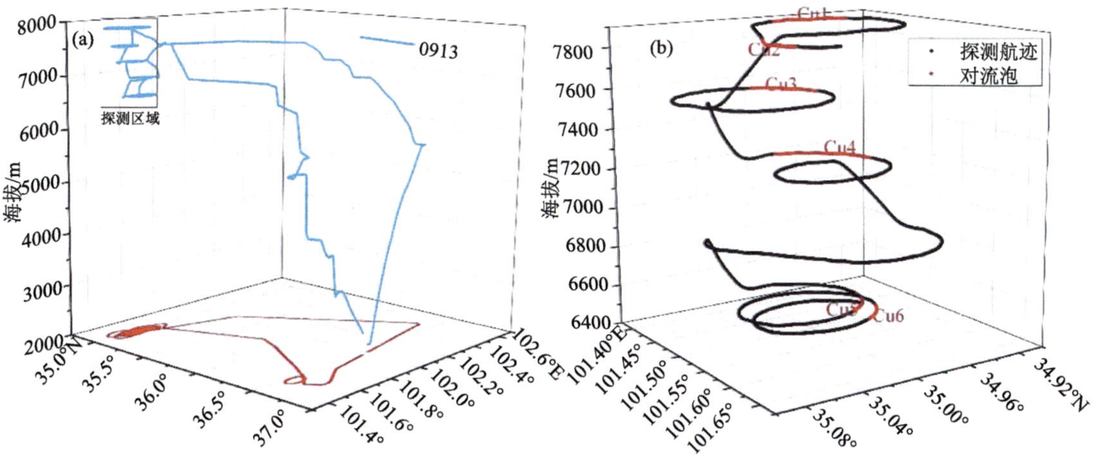

图 5.3　飞行航迹(a)和探测轨迹(b)

5.2　积层混合云分布特征

5.2.1　云宏微观物理量时间演变特征

图 5.4 为探测时段内温度(T)、高度、相对湿度(RH)和液态含水量(LWC)随时间变化图，探测时间内 T 位于$-23\sim-10$ ℃，RH 在 90%～100%，LWC 在 0.04～0.70 g·m^{-3}。T 和 LWC 随高度降低逐渐升高。RH 在 7850～6900 m 相对稳定在 100%，在 7200 m 和 6900 m 飞机下降阶段波动较大，原因可能是下降过程中飞机速度和倾斜角度超过 AIMMS 测量量程所带来的误差。RH 在 6600 m 平飞探测阶段变化较为剧烈，在 90%～97%，对流泡中 LWC 明显高于其他区域。

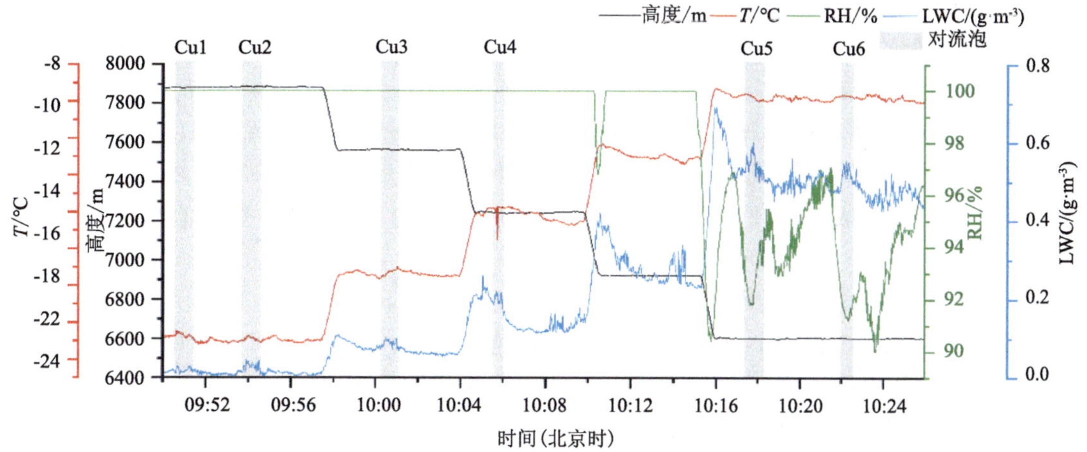

图 5.4　探测阶段中 T、高度、RH 和 LWC 随时间变化

5.2.2 云垂直分布特征

图 5.5a、图 5.5b 分别给出了飞机垂直探测阶段平均云粒子浓度(CIP)、LWC、T 和云粒子在各粒径的浓度谱。T 变化较均匀且随高度下降而升高，在 6900 m 时存在明显的逆温现象。LWC 随高度下降而升高，下层减少趋势较为明显。云粒子谱在 6900～7200 m 存在明显的高值区域，主要原因为此时段内飞机探测处于对流泡中，而其他下降阶段处于层云中，这也是导致 LWC 和在 6900～7200 m 高度上差异明显的原因。云粒子浓度在 10^1～10^2 L^{-1}，飞行高度在 6900～7200 m 时，云粒子直径集中在 500 μm 以下，高度低于 6900 m 时，云中可见较大粒子，粒子直径集中在 500～900 μm。

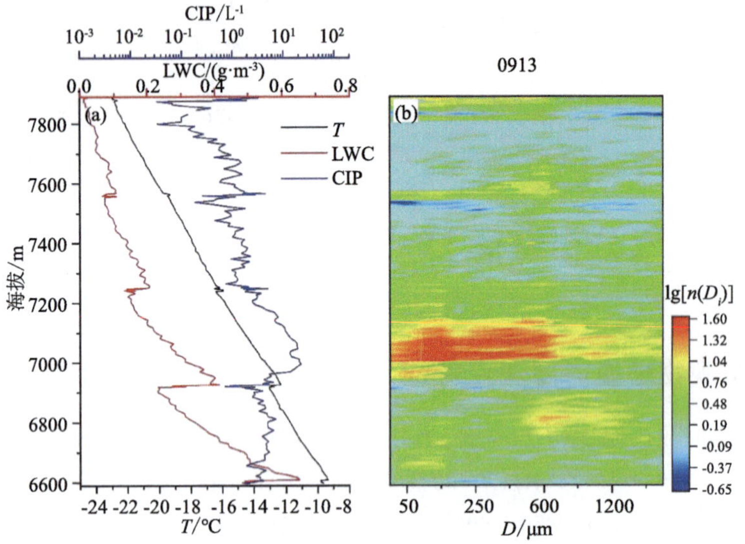

图 5.5　探测阶段平均云粒子浓度、LWC、温度(a)和云粒子浓度谱(b)垂直特征

5.2.3 云中对流泡分布特征

图 5.6 给出了不同飞行高度上 LWC、RH、云粒子数浓度(ND)、有效粒子半径(ED)和云粒子(D)在不同粒径下的浓度谱分布。图 5.6a 为 7850 m 探测时段，实际探测位置为云顶且云顶不均匀，探测区域存在高于周围云体的突出部分。Cu1 和 Cu2 段除 RH 外，其他各项物理量值均有明显变化，LWC 与云粒子数浓度峰值均有较好的对应关系，Cu1 和 Cu2 内平均 LWC 为 0.07 g・m^{-3}，高出周围 0.01 g・m^{-3}，云粒子数浓度在 Cu1 和 Cu2 内为 138.41 L^{-1} 左右，周围云粒子数浓度在 17.14 L^{-1} 左右，相差达 8 倍。对流泡内平均有效粒子半径为 422.36 μm，周围云中为 258.87 μm，相差近 2 倍。

图 5.6b 为 7500 m 探测时段，此时段仅探测到一段对流泡，Cu3 中平均 LWC 为 0.12 g・m^{-3}，周围层云中平均 LWC 为 0.11 g・m^{-3}，低于对流泡约 0.01 g・m^{-3}；对流泡中云粒子数浓度为 208.94 L^{-1}，周围层云为 20.71 L^{-1}，对流泡中云粒子数浓度高出周围层云约 10 倍，同时，对流泡中平均有效粒子半径大于周围层云约 169.37 μm。

图 5.6c 为 7200 m 探测时段，Cu4 中平均 LWC 为 0.24 g・m^{-3}，周围层云中 LWC 为 0.17 g・m^{-3}，对流泡中 LWC 高出周围层云约 0.07 g・m^{-3}。对流泡中云粒子数浓度为

139.20 L^{-1}，周围层云为 36.95 L^{-1}，高出近 4 倍。平均有效粒子半径为 232.24 μm。另外，此时段层云中云粒子数浓度较低，但在 10:07 后 LWC 出现波动，但未出现如 Cu1、Cu2 和 Cu3 中 LWC 和云粒子数浓度较周围有明显变化的情况，因此，认为 7200 m 处为层状云。

图 5.6d 为 6900 m 探测时段，此时段探测中并没有探测到对流泡，上文提到在 6900～7200 m 下降阶段中穿过对流泡对应位置在 Cu1—Cu4 下部，6900 m 高度上探测飞机未到达该位置。在 6900 m 高度，云中 LWC 为 0.28 g·m^{-3} 左右，平均云粒子数浓度为 51.86 L^{-1}，平均粒子有效半径为 123.45 μm。

图 5.6e 为 6600 m 探测时段，此时段在相同位置观测到了 Cu5 和 Cu6，该层 RH 在 90%～96%，在对流泡区域 RH 与 LWC 呈现负相关趋势。对流泡中平均 LWC 为 0.53 g·m^{-3}，高于周围层云 0.03 g·m^{-3}。对流泡中平均云粒子数浓度为 63.10 L^{-1}，平均粒子有效半径为 310.47 μm。周围层云中平均云粒子数浓度为 50.11 L^{-1}，平均粒子有效半径为 244.17 μm，均小于对流泡。

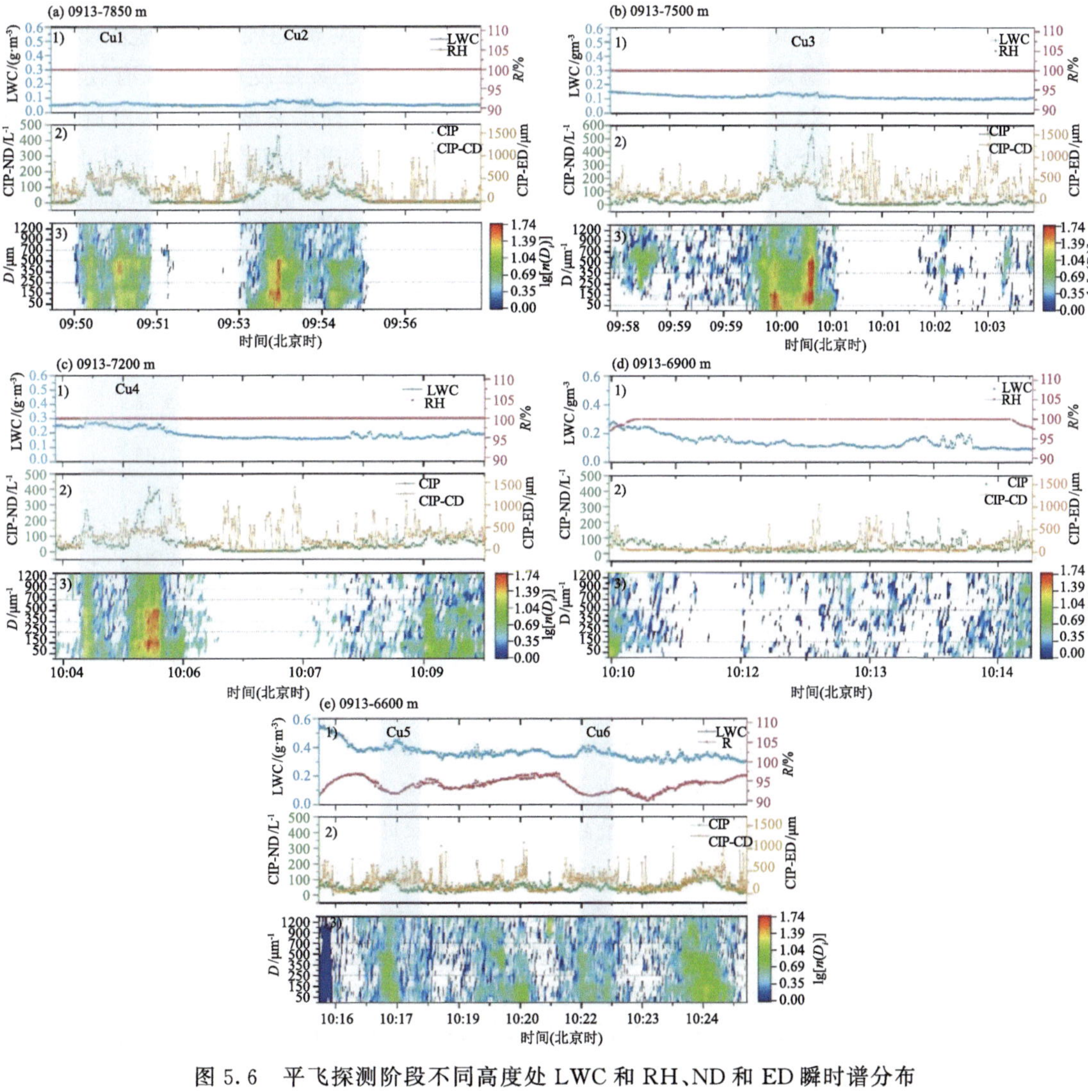

图 5.6　平飞探测阶段不同高度处 LWC 和 RH、ND 和 ED 瞬时谱分布

不同高度下对流泡和周围层云中云微物理量均值如表5.1所示。本次探测中，云顶 T 为 −23 ℃，观测区内 T 在 −23～−9 ℃，对流泡内LWC在0.07～0.53 g·m^{-3}，周围层状云LWC在0.06～0.50 g·m^{-3}，LWC随高度下降而上升，在观测区域内LWC最高值对应的 T 为 −9 ℃。在探测最低位置(6600 m)，对流泡与周围层状云在云粒子数浓度上差异并不明显，但在探测最高位置(7500 m)处，对流泡中云粒子数浓度高出层云中近8倍，平均LWC高出周围层云0.03 g·m^{-3}。在7850～7500 m处，LWC、云粒子数浓度和有效粒子半径均有明显上升趋势。在7500～6600 m处LWC持续上升，云粒子数浓度和有效粒子半径持续下降，平均 RH 在6600 m下降到93%。

"播撒-供给"机制中对流泡作为冰粒子的"播种"云，而周围的层云作为对流泡云底部的水汽"供给"云，并且其具备更高的LWC(Rutledge et al.，1983)。Plummer等(2014)研究冬季大陆性气旋中的对流泡云内外微物理结构表明，云内温度在 −31.4～−11.1 ℃时LWC在0.09～0.12 g·m^{-3}，高值区可增加至0.14～0.28 g·m^{-3}，最大的LWC出现在温度为 −16 ℃。张佃国等(2020)研究山东地区黄淮气旋背景系统下积层混合云内微物理过程发现，其对流泡内的平均LWC为0.15 g·m^{-3}，对流泡外均值为0.04 g·m^{-3}，对流泡内LWC约为对流泡外的4倍。在本次探测中，温度在 −23～−9 ℃，对流泡区域云粒子数浓度和LWC有较好的对应关系，平均LWC为0.28 g·m^{-3}，高于层云约0.03 g·m^{-3}。高度逐渐下降时，对流泡内外LWC差异逐渐增大，但并没有出现倍数差异，主要原因可能为探测时间在9月13日上午，根据泽库国家气象站数据显示，此次降水从12日夜间开始，13日上午地面温度不足，对流泡发展深度不强。

表5.1 探测过程中不同平飞阶段对流泡与层云云微物理量平均值

高度/m	LWC/(g·m^{-3})		RH/%		ND/L^{-1}		ED/μm	
	对流泡	层云	对流泡	层云	对流泡	层云	对流泡	层云
7850	0.07	0.06	100	100	138.41	17.14	422.36	258.87
7500	0.12	0.11	100	100	208.94	20.71	475.03	305.65
7200	0.24	0.17	100	100	139.20	36.95	367.34	298.52
6900	—	0.28	—	100	—	51.86	—	123.45
6600	0.53	0.50	94	92	63.10	50.11	310.47	244.17

如图5.7所示，本次积层混合云粒子谱分布呈三峰型，峰值分别在50 μm、400 μm和1000 μm附近。对流泡内粒子浓度在7500 m处最高，6600 m处最低，7850 m和7200 m处粒子谱分布基本一致。层云中粒子浓度在6600 m处最高，7500 m处最低，最大值与最小值与对流泡内粒子浓度相反。整体而言，除最低高度(6600 m)外，不同高度下对流泡内粒子浓度均高于层云，但不同高度下对流泡和层云内粒子谱宽基本一致。

图5.8为平飞探测阶段对流泡内及层状云中CIP-ED、LWC及CIP探测的二维粒子图像分布，由图5.8可知，积层混合云中规则形状的冰晶较少，部分高度层存在少量的六角板状冰晶和线状粒子，大部分为聚合状的冰相粒子，积层混合云内主要以冰凇附增长和聚并增长机制为主。

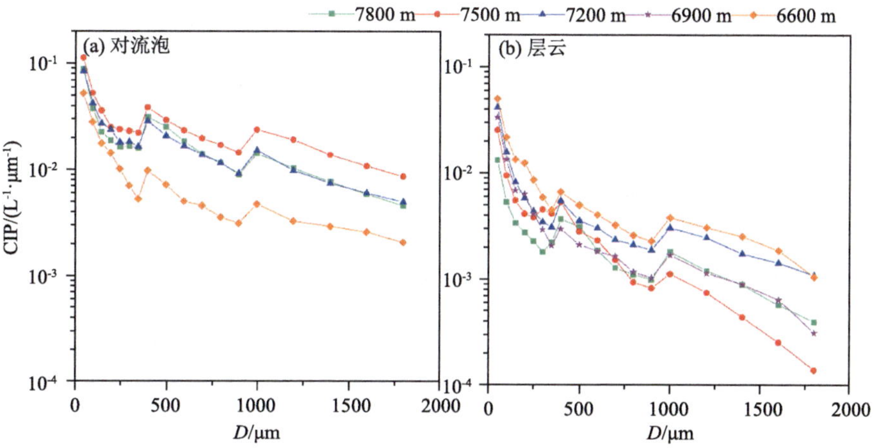

图 5.7　飞机平飞探测时段平均粒子谱

7850 m 处对流泡与层云粒子均呈板状和聚合状，层云中的粒子明显比对流泡中小，并且对流泡中聚合状粒子占比更高，说明在该高度上水汽扩散较好，以粒子的凝华增长机制和冰晶凇附增长机制为主，对流泡中上升气流更大，聚合状冰晶粒子更多。7500 m 处对流泡中以板状、线状和聚合状粒子为主，增长主要以水汽扩散的凝华增长为主，聚合状粒子较 7850 m 处有所增加，但该高度下层云中没有出现明显的线状粒子，主要以板状和聚合状粒子为主，并且板状粒子粒径与 7500 m 处基本一致，聚合状粒子有增长的趋势。在 7500 m 处，对流泡中以凝华增长和冰凇附增长机制为主，在层云中则以冰凇附增长机制为主。6600 m 处对流泡中以聚合状粒子为主，从图像可以看出，大部分的粒子超过了 CIP 可探测的范围，云粒子谱（图 5.6a）表明在该层粒子整体偏少，对应图像说明粒子在该层普遍长大到超过 1500 μm。在 6600 m 处层云中可见少量的板状和针状的冰晶粒子，大部分粒子以聚合状冰晶为主，以凝华增长和冰凇附增长机制为主。

总体而言，高过冷水含量是增强对流泡中凝华和聚集过程的关键，Zhu 等（2015）观测发现，对流泡中枝状结构更为明显，并且粒子相对更大。本研究对流泡中 T 在 −22.6～−9.6 ℃ 时，云中粒子基本以聚合状和少量针柱状为主，周围层状云粒子相对较小，且可见明显的六角板状结构。

本次探测中 7500 m 高度处云粒子数浓度最高，有效粒子半径最大。受到飞机最大安全高度和实际飞行条件的限制，探测位置为云顶至云中上层，如图 5.8 所示，7800 m 处粒子已相对较大，说明上层已有凝结核和云粒子形成，这种现象在李义宇等（2012）对山西省层状云的探测中也有发现。云粒子浓度随高度下降，且粒子直径持续下降，但从二维图像上可以看出，云粒子随着高度的下降逐渐变大，且逐渐超出 CIP 探测量程。但在 LWC 随高度的下降阶段，云粒子数浓度并没有随之上升，说明在云中存在“播撒-供给”机制。

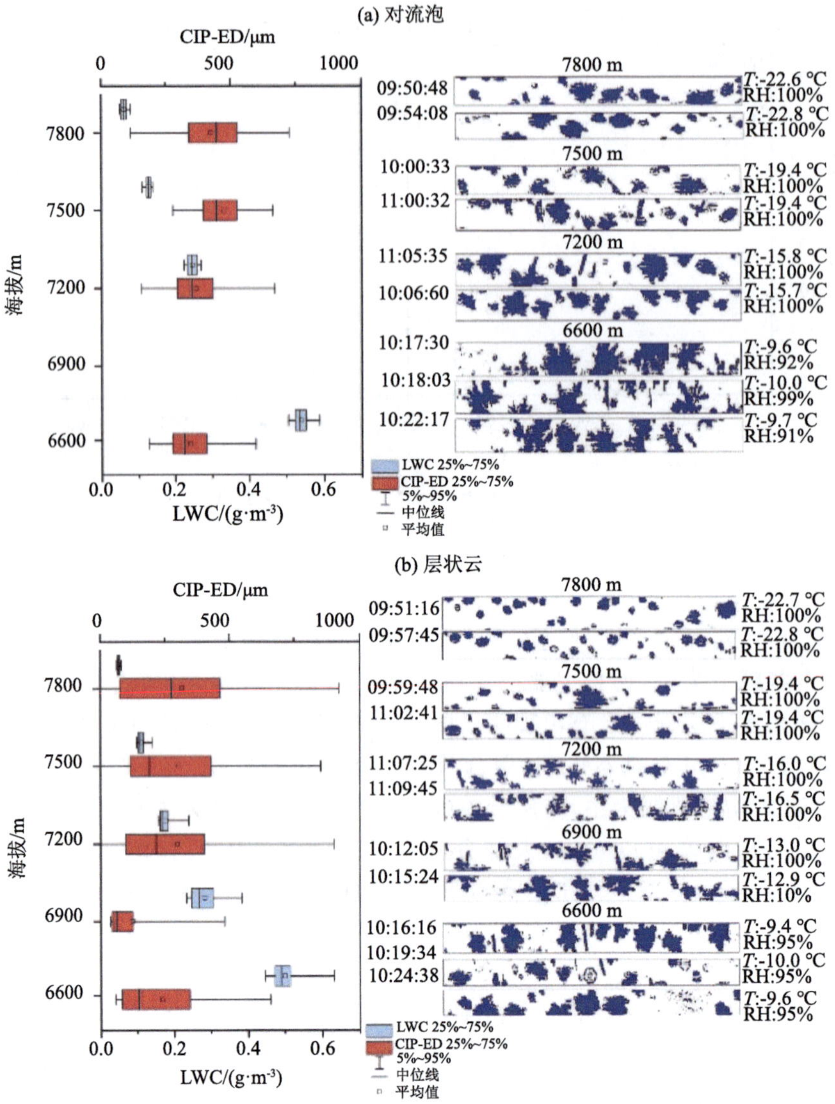

图 5.8　平飞探测时段云中 CIP-ED、LWC 及 CIP 探测的二维粒子图像

5.3　本章小结

本研究利用机载 DMT 云物理探测系统，对 2020 年 9 月 13 日在三江源地区一次积层混合云飞机探测数据进行分析，主要结论如下。

(1)积层混合云内 T 在 −23～−10 ℃，RH 在 90%～100%，LWC 在 0.04～0.70 g・m^{-3}，平均 ND 为 53.51 L^{-1}，平均 ED 为 270.47 μm，LWC 随高度下降而上升。对流泡中平均 ND 为 115.37 L^{-1}，平均 ED 为 359.69 μm，均高于层云，ND 和 LWC 有较好的对应关系，LWC 在 0.07～0.53 g・m^{-3}，平均 LWC 为 0.28 g・m^{-3}。周围层状云中 LWC 在 0.06～0.50 g・

m^{-3}，平均 LWC 为 0.25 g·m^{-3}。因此，在三江源区开展积层混合云飞机人工增雨作业时，播撒窗温度选择在−23～−9 ℃，将会更有利于提升播云催化效率，提高催化效果。

(2)积层混合云粒子谱呈现多峰型分布，峰值分别位于 50 μm、400 μm 和 1000 μm。除 6600 m 外，不同高度下对流泡中云粒子浓度均高于周围层云，不同高度下对流泡和层云内粒子谱宽一致。

(3)积层混合云内主要以凇附增长和聚并增长机制为主，云中规则形状的冰晶较少，部分高度层存在少量的六角板状冰晶和线状粒子，大部分为聚合状冰相粒子。过冷水含量和粒子有效半径随高度的下降而逐渐上升。对流泡和层云中粒子图像差异明显，层云中可见六角板状冰晶，积层混合云中降水机制符合"播撒-供给"机制。

参考文献

常祎，郭学良，2016. 青藏高原那曲地区夏季对流云结构及雨滴谱分布日变化特征[J]. 科学通报，61(15)：1706-1720.

范烨，郭学良，张佃国，等，2010. 北京及周边地区 2004 年 8、9 月层积云结构及谱分析飞机探测研究[J]. 大气科学，34(6)：1187-1200.

傅云飞，李宏图，自勇，2007. TRMM 卫星探测青藏高原谷地的降水云结构个例分析[J]. 高原气象，26(1)：98-106.

高茜，郭学良，何晖，等，2020. 基于飞机观测的华北积层混合云降水微物理特征的数值模拟研究[J]. 大气科学，44(5)：899-912.

何晖，高茜，刘香娥，等，2015. 积层混合云结构特征及降水机理的个例模拟研究[J]. 大气科学，39(2)：315-328.

洪延超，1996. 积层混合云数值模拟研究(Ⅰ)——模式及其微物理过程参数化[J]. 气象学报，54(5)：544-557.

洪延超，李宏宇，2011. 一次锋面层状云云系结构、降水机制及人工增雨条件研究[J]. 高原气象，30(5)：1308-1323.

黄美元，沈志来，洪延超，2003. 半个世纪的云雾、降水和人工影响天气研究进展[J]. 大气科学，27：536-551.

黄敏松，雷恒池，2021. 云粒子的破碎对积层混合云微物理参量测量的影响[J]. 大气科学，45(2)：369-378.

赖敏，吴绍洪，戴尔阜，等，2013. 生态建设背景下三江源自然保护区生态系统服务价值变化[J]. 山地学报，31(1)：10-19.

雷恒池，曾庆存，李仑格，等，2001. 从自然控制论看黄河上游人工增雨[J]. 气候与环境研究，6(4)：391-399.

李娟，游来光，胡志晋，等，2006. 黄河上游玛曲地区雨滴谱特征的观测研究[J]. 高原气象，25(5)：942-949.

李义宇，杨俊梅，李培仁，等，2012. 山西省层状云微物理结构探测分析[J]. 气候与环境研究，17(6)：37-47.

刘香娥，高茜，何晖，等，2020. 一次积层混合云系垂直结构和降水机制的飞机观测资料分析与数值模拟[J]. 气象学报，78(2)：277-288.

孟宪红，陈昊，李照国，等，2020. 三江源区气候变化及其环境影响研究综述[J]. 高原气象，39(6)：1133-1143.

亓鹏，郭学良，卢广献，等，2019. 华北太行山东麓一次稳定性积层混合云飞机观测研究：对流云/对流泡和融化层结构特征[J]. 大气科学，43(6)：1365-1384.

王宏，雷恒池，李书严，等，2004. 黄河上游河曲地区对流云催化增雨的数值模拟研究[J]. 气候与环境研究，9(4)：619-630.

王黎俊，孙安平，靳少波，2007a. 黄河上游河曲地区人工增雨的基本条件[J]. 西北水力发电，23(2)：67-70.

王黎俊，孙安平，刘彩红，等，2007b. 地基微波辐射计探测在黄河上游人工增雨中的应用[J]. 气象，33(11)：28-33.

王黎俊，银燕，姚展予，等，2013. 三江源地区秋季一次层积云飞机人工增雨催化试验的微物理响应[J]. 气象学报，71(5)：925-939.

王元，牛生杰，雷恒池，2017. 利用三架飞机联合探测资料分析层积混合云催化物理效应[J]. 大气科学学报，40(5)：686-696.

徐祥德，陶诗言，王继志，等，2002. 青藏高原—季风水汽输送"大三角扇型"影响域特征与中国区域旱涝异常的关系[J]. 气象学报，60(3)：257-266.

张佃国，郭学良，付丹红，等，2007. 2003 年 8—9 月北京及周边地区云系微物理飞机探测研究[J]. 大气科学，31(4)：596-610.

张佃国，王烁，郭学良，等，2020. 基于机载 Ka 波段云雷达和粒子测量系统同步观测的积层混合云对流泡特征[J]. 大气科学，44(5)：1023-1038.

朱士超，郭学良，2015. 华北一次积层混合云微物理和降水特征的数值模拟与飞机观测对比研究[J]. 大气科学，39(2)：370-384.

PLUMMER D M, MCFARQUHAR G M, RAUBER R M, et al, 2014. Structure and statistical analysis of the microphysical properties of generating cells in the comma head region of continental winter cyclones[J]. Journal of the Atmospheric Sciences, 71(11): 4181-4203.

EVANS A G, LOCATELLI J D, STOELINGA MT, et al, 2005. The IMPROVE-1 Storm of 1－2 February 2001. Part Ⅱ: Cloud Structures and the Growth of Precipitation[J]. Journal of the Atmospheric Sciences, 62(10): 3456-3473.

FIELD P R, MöHLER O, CONNOLLY P, et al, 2006. Some ice nucleation characteristics of Asian and Saharan desert dust[J]. Atmospheric Chemistry and Physics, 6(1): 2991-3006.

RUTLEDGE S A, HOBBS P V, 1983. The mesoscale and microscale structure and organization of clouds and precipitation in midlatitude cyclones. Ⅷ: A model for the “seeder-feeder” process in warm-frontal rainbands [J]. Atmos Sci, 40: 1185-1206.

PLUMMER D, RAUBER M, MCFARQUHAR G, et al, 2014. Structure and statistical analysis of the microphysical properties of generating cells in the comma head region of continental winter cyclones[J]. Journal of the Atmospheric Sciences, 71(11): 4181-4203.

ZHU S C, GUO X L, LU G X, et al, 2015. Ice crystal habits and growth processes in stratiform clouds with embedded convection examined through aircraft observation in northern China[J]. Journal of the Atmospheric Sciences, 72(5): 2011-2032.

第 6 章　三江源秋季层积云飞机人工增雨催化试验的微物理响应

Ryan 和 King(1997)曾提出人工增雨催化后其有效影响区的确定及其合理的探测方案设计是物理检验成功与否的关键。因此，物理检验中应首要考虑的问题是播云效应区的移动和分布状况，以确保在此时间内探测到效应区存在的物理事实(余兴 等,2007)。同时，由于层状云的水平分布也存在不均匀性(黄美元 等,2003)，云的可播撒性存在时空变化问题(郭学良 等,2013)。另外，目前对自然云的认识，在很大程度上还处于定性化认识状态，定量化特别是准确的定量化描述仍然十分缺乏(郭学良 等,2013)。

本章利用三江源地区一次在层积云顶部较小水平范围内，飞机进行锯齿型平飞催化作业及回穿探测的 PMS 资料，对这一航线设计较为典型的试验探测过程，在确定作业前后有效对比区间、区分云粒子相态的基础上，主要研究催化作业一定时间后在其航线下风方向有效影响区间的微物理响应，为三江源地区人工增雨效果的验证提供一定的微物理证据。

6.1　试验飞行概况和作业前后有效对比区间的确定

2003 年 10 月 11 日下午，作业探测飞机在完成云系的垂直探测后，向西飞行，在河南站西北约 50 km、泽库站西南约 60 km 上空，层积云(Sc)顶部，根据机载气象雷达的探测，选取强回波区，进行锯齿型平飞催化作业和回穿探测。

图 6.1 给出了全球定位系统(Globe Positioning System，GPS)测量的航迹、锯齿型催化播撒线源在不同时刻的水平输送路径和在回穿探测线上的影响区间。如图 6.1a 所示，将 B、D、F 和 H 等 4 个航迹交叉点，按飞机第一次、第二次经过时刻分别标记为“1”“2”。飞机自 A 点(16:30:11)开始播撒 AgI 焰剂，作业时播撒和探测同时进行(播撒设备安装在飞机机翼末端、PMS 系统后部，所探测的云不受播撒作业影响)，经过 B1、C、D1、E、F1、G、H1 点后，在 I 点(16:47:30)结束作业。转弯后由 H2 点开始回穿探测。

飞机进行物理检验时探测的区域不宜过大，时间不宜过长，否则由于环境风场、冰晶增长速度和落速、扩散规律等因素的复杂性，可能在飞机回穿时很难找到播云的扩散区(王以琳和雷恒池,2003)。另外，因自然云中粒子浓度及其粒子谱特征的空间变异性较大(游来光,1994)，为尽量避免这种“云的不均匀性”的影响，所以本次试验采用了相对较小的作业及回穿探测区域(水平范围约 45 km×33 km)，作业与回穿探测时间间隔较短(A—H2 点间为 19 min)。

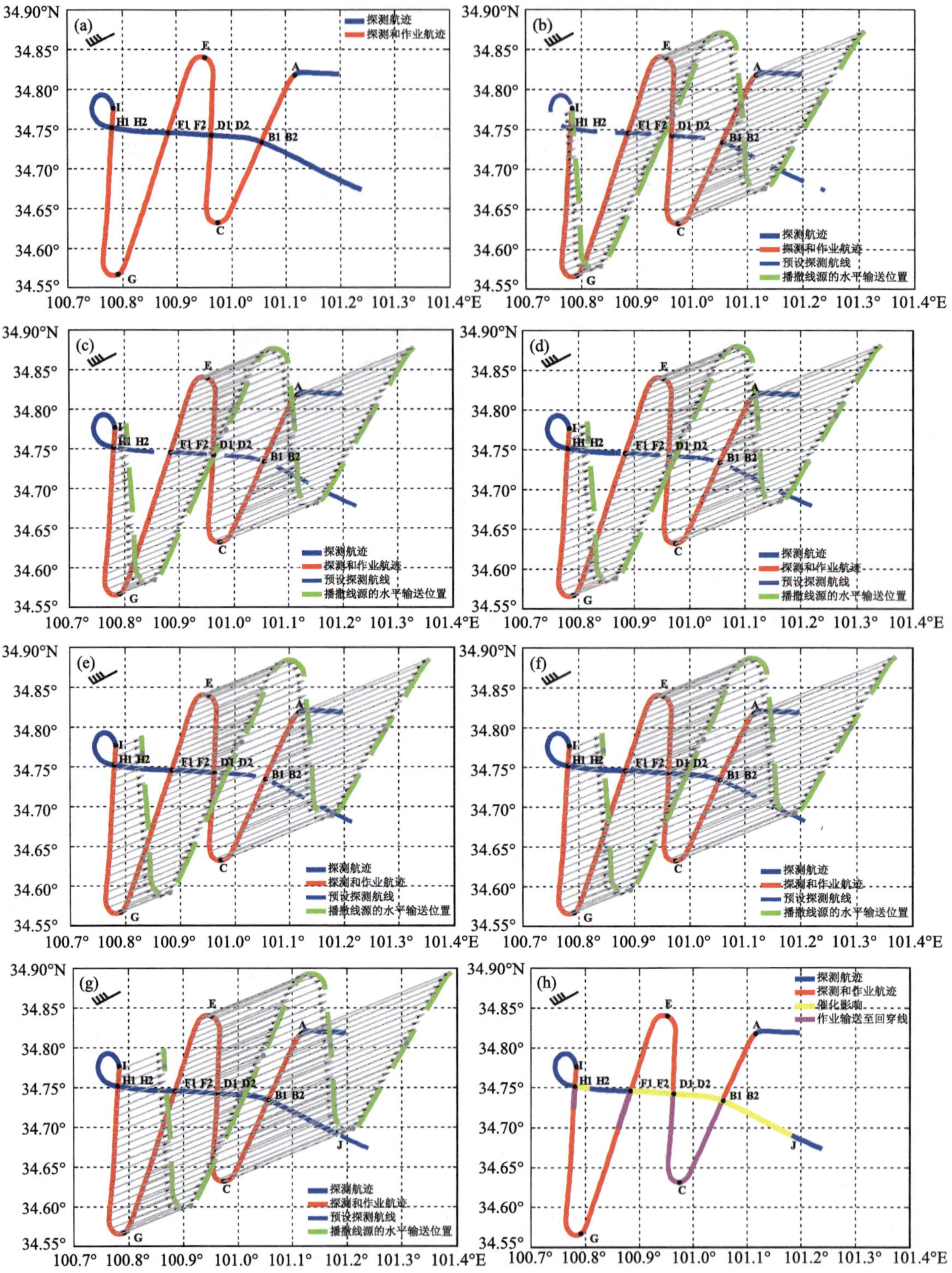

图 6.1　播撒作业及回穿探测飞行的 GPS 航迹(a)、播撒线源不同时刻的影响区域(b—g)和回穿线上的催化影响区间(h)，(b—g)：(b)I 点时刻，(c)H2 点时刻，(d)F2 点时刻，(e)D2 点时刻，(f)B2 点时刻，(g)J 点时刻(灰色虚线箭头线为水平输送路径)

作业时试验区处于冷锋前的不稳定区，云系处于发展阶段，层积云以上有多层云层存在。平飞作业层海拔高度 5600 m，云区温度－7.1～－6.2 ℃。高空天气形势图表明，试验区处于槽前的西南暖湿气流中，水汽供应条件较好。加密探空资料显示，该高度层风向为 248°，风速 16 $m \cdot s^{-1}$。飞行宏观观测记录显示，除在 E 点附近云体变稀疏，并出现云隙外，其他作业时段内，飞机时有颠簸，且前窗及机翼有积冰现象。表明云中有不稳定气流和较丰富的液态过冷水存在。作业试验结束后约 40 min，河南站出现间歇性降水，并在夜间转为积雨云降水，过程降水量为 6.6 mm(含霰，积雪深度 1.0 cm)。泽库站降水量为 2.2 mm。

飞机播云的模拟研究(余兴 等，2002)结果表明 AgI 催化剂的水平输送仅与风场有关，催化剂的平均扩散速率约为 0.1 $m \cdot s^{-1}$ 量级。催化云迹卫星遥感分析(Rosenfeld et al.，2005；戴进 等，2006)的结果认为，过冷层状云中催化剂持续扩散超过 80 min 以上。室内实验(DeMott，1995)和模拟研究(刘诗军 等，2005)结果认为，层状云中 AgI 主要以接触冻结、浸没冻结等慢核化过程为主。由此，本研究不考虑催化剂的扩散和因核化可能引起的剂量衰减等复杂因素的影响，仅以环境风场的水平输送分析其影响区。

由图 6.1 可见，在飞机回穿探测的过程中，只有部分区间受到了上风方播撒线源的影响。飞机在回穿探测起始点 H2 时(图 6.1c)，预设回穿探测位置 H2—F2 段中只有少部分区间受到部分 G—F1 段线源的影响，H2—F2、D2—B2 已分别受部分 D1—G、部分 C—D1 段线源的影响，B2 点后的预设探测区间也已受到部分 B1—C 段和部分 C—D1 线源的叠加影响；当飞至 B2 时(图 6.1f)，B2—J 段已完全受催化影响，J 点为在此回穿探测时间段内，上风方播撒线源水平输送线与预设回穿线的最远交点，确定其时刻为 16:55:37；当飞至 J 点时(图 6.1g)，上风方 B1—C—D1 段线源已完全影响了回穿线。由图 6.1h 可见，在整个回穿探测时间段内，回穿线上，H2—F2 段只有很少部分受到了其上风方 G—H1 段播撒线源的影响，F2—D2—B2—J 段受到其上风方播撒线源的影响。

由此，选取 F2—D2—B2—J 段(简称 F2—J 段)的 PMS 探测资料为催化作业后资料，即 B1—C—D1 段(简称 B1—D1 段)、F1—G—H1 段(简称 F1—H1 段)的催化播撒在其航迹交点及下风方的 F2—J 段都可能产生催化效果。

同时，根据该高度层的水平风场推测，F2—J 时段内及其空间位置处探测的云，是由上风方经过催化的 F1—G 部分区段、B1—C—D1 闭合区域内的云移动而来。尽管在该时段内大部分 F1—G 段探测的云并未移至该回穿探测线处(图 6.1h)，但考虑“云的不均匀性”，所以选取 B1—D1 段和 F1—H1 段探测资料为作业前的对比资料，即以这两段的探测资料为未受催化影响的自然云背景资料。F2—J 段受 B1—D1 段和 F1—H1 段线源催化影响的水平位置距离为 0～36 km，时间间隔为 2～23 min。

6.2　云微物理量水平分布特征及其变化

图 6.2 给出了在 Sc 顶部作业及回穿探测期间 A—J 点(16:30:11—16:55:37)FSSP 和 2DC 观测的粒子浓度、直径、瞬时谱、FSSP 所测含水量 LWC_{FSSP}、二维粒子图像及 King 探头液态含水量观测值 LWC_{King}。

由图 6.2a 可见，首先，FSSP 所测云粒子浓度 N_1、直径 D_{m1} 在整个云区的水平分布均差异较大。N_1 的高值区与低值区相差 3～4 个量级，N_1 最大值超过 100 cm^{-3} 以上。D_{m1} 在 3.5～36.5 μm 范围内均有分布。其次，N_1 的对数值与 D_{m1} 有着明显的反相关性，高浓度区对应高含水量(LWC_{FSSP})区。当 N_1 在约 10 cm^{-3} 以上时，D_{m1} 总是集中在较小的直径范围内，与之相对应，在图 6.2b 中有明显的高 LWC_{FSSP} 区出现(L1～L13 区等)。而当 N_1 小于约 1 cm^{-3} 时，D_{m1} 分布较分散，在图 6.2b 中基本上没有高含水量区出现。稀疏云区(16:37:24—16:37:54、16:38:55—16:39:15)只有零散的云粒子存在，N_1 基本上在 0.1 cm^{-3} 以下。云隙间(16:37:55—16:38:54)无 FSSP 量程范围内的云粒子存在。由图 6.2c 可见，高含水量区与低含水量区的 FSSP 瞬时谱分布差异明显。

由图 6.2d 可见，2DC 所测的云粒子浓度 $N_{2(>50)}$ 在整个云区没有明显的高、低值区，$N_{2(>50)}$ 集中在 0.1～10 L^{-1} 范围内。$D_{m2(>50)}$ 分布也较为松散，最大直径在 1000 μm 以上。云隙间有 $N_{2(>50)}$ 在 10^{-1} L^{-1} 量级、$D_{m2(>50)} \leqslant 125$ μm 的云粒子零散存在。由图 6.2e 可见，2DC ($D>50$ μm)粒子数浓度分布函数 $n(D_j)$ 的高值区集中在中值直径 D_j 较小的 54.88 μm、79.62 μm 和 104.38 μm 等测量段内，而在 $D_j>129.12$ μm 测量段内，$n(D_j)$ 迅速减小，且量级差异不明显。表明 $N_{2(>50)}$ 主要由 D_j 较小的粒子浓度决定。

对比作业前(B1—D1 和 F1—H1)和作业后(H2—J)云微物理量的变化，可见作业前后云粒子浓度(N_1、$N_{2(>50)}$)和 2DC 所测粒子直径 $D_{2(>50)}$ 都没有明显变化。虽然作业后 L10～L13 区的 D_1 较作业前的 L1～L7 区有所增大，但这种量值的变化未能超出作业前云区探测范围内(A—I)该微物理量的自然起伏。

由图 6.2b 可见，LWC_{FSSP} 与 LWC_{King} 在整个云区的变化趋势基本相同，但作业后 LWC_{FSSP} 的峰值较作业前明显增大，而 LWC_{King} 的峰值较作业前有所减小，LWC_{FSSP} 与 LWC_{King} 间差异增大。云中液态云粒子的尺寸分布及其浓度变化可能是造成这种差异的原因。因此，须在分辨云粒子相态，从而有效区分云中液态过冷水的基础上，再进一步分析催化响应。

6.3 作业高度层云粒子相态的判定

6.3.1 2DC 量程内粒径大于 50 μm 以上云粒子相态的辨别

图 6.3 给出了 Sc 顶部作业区不同时刻的 2DC 云粒子图像。可见，$D>125$ μm 的云粒子为不规则形冰晶、柱状冰晶、枝状冰晶及冰雪晶聚合体和冰雪晶结凇体等。

由 McFarquhar 等(2007)提出的判断方法再考察 53 μm$<D<$125 μm 范围内的粒子形状，未发现球形粒子存在，由此可判定该尺度范围内的云粒子为冰晶。所以，可认为 Sc 顶部 2DC 量程内 $D>50$ μm($D_j \geqslant 54.88$ μm)的云粒子相态为冰相。

同时，由图 6.3 可见，云区 2DC 云粒子图像形状在作业前(图 6.3a～e)、后(图 6.3f～h)没有明显变化。作业前后都有较小尺寸的柱状冰晶粒子(图 6.2d、e)、较大尺寸的冰雪晶聚合体和冰雪晶凇附体(图 6.2a～h)出现。表明冰晶的碰并增长及凇附增长在作业前、后都存在。

6.3.2 FSSP 量程内云粒子相态的判断

在冰水共存时，水滴一般尺寸较小，而冰晶尺寸较大(胡志晋，2001)。云粒子瞬时谱及其

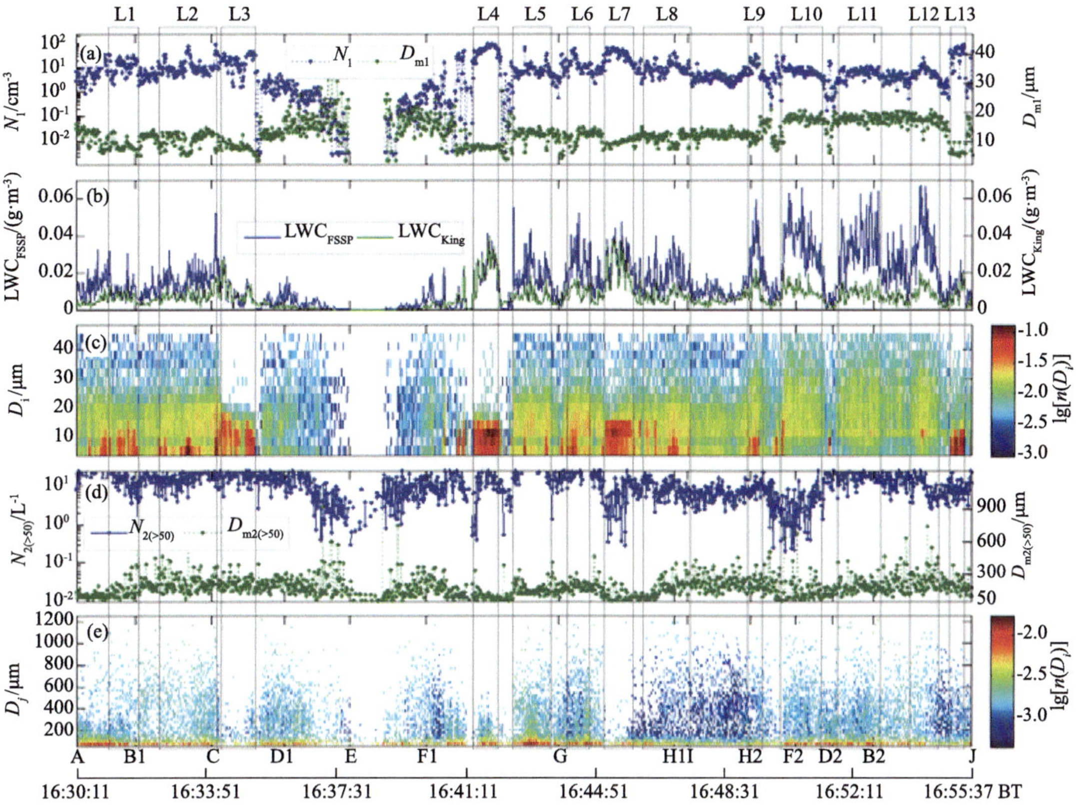

图 6.2　层积云(Sc)顶部作业及回穿探测时的 FSSP(前向散射粒子谱探头)浓度 N_1 和直径 D_{m1}(a)、LWC$_{FSSP}$ 和 LWC$_{King}$(b)、FSSP 瞬时谱(lg[$n(D_i)$](c)、2DC(D>50 μm)浓度 $N_{2(>50)}$ 和直径 $D_{m2(>50)}$(d)、2DC(二维灰度云粒子探头)(D>50 μm)瞬时谱(lg[$n(D_j)$](e)随时间的水平分布图（A—J 点见图 6.1）

时间序列的变化能更全面地提供云粒子在各测量通道内的分布状况及实时变化的信息。对于 FSSP 量程内云粒子相态的分辨,本研究综合其瞬时谱、LWC$_{FSSP}$ 与 LWC$_{King}$ 的差异来判别。

由图 6.2b 可见,LWC$_{FSSP}$ 与 LWC$_{King}$ 在高 LWC$_{FSSP}$ 区差异明显,且差异程度各有不同。在 L3 区,LWC$_{FSSP}$ 与 LWC$_{King}$ 很接近,由 FSSP 瞬时谱(图 6.2c)可见,该时段内基本上仅有 3.5 μm≤D_i≤18.5 μm 的粒子连续分布。在 L4、L7、L1 和 L13 区,LWC$_{FSSP}$ 与 LWC$_{King}$ 较为接近,FSSP 量程内有 3.5 μm≤D_i≤18.5 μm 的云粒子连续分布,D_i≥21.5 μm 以上有 FSSP 数浓度分布函数 $n(D_i)$ 较低的云粒子零散存在。而在其他高过冷水区(L2、L5、L6 和 L8～L12),LWC$_{FSSP}$ 远远大于 LWC$_{King}$,其 D_i≥21.5 μm 测量通道内均有大量 $n(D_i)$ 较高的云粒子不连续存在。比较这些高过冷水区的 FSSP 瞬时谱,发现 LWC$_{King}$ 随 3.5 μm≤D_i≤18.5 μm 测量通道内 $n(D_i)$ 的变化而变化,随 3.5 μm≤D_i≤18.5 μm 测量通道内的 $n(D_i)$ 的不同而与 LWC$_{FSSP}$ 存在差异。由此推测,在 Sc 顶部液态过冷水可能主要分布在 3.5 μm≤D_i≤18.5 μm 范围内。

由式(2.3)计算 FSSP 在 3.5 μm ≤ D_i ≤ 18.5 μm 测量通道内的含水量(以 LWC$_{FSSP(3.5\sim18.5)}$ 表示),并与 LWC$_{King}$ 相比较,以进一步检验二者的相关性。因 King 探头的探

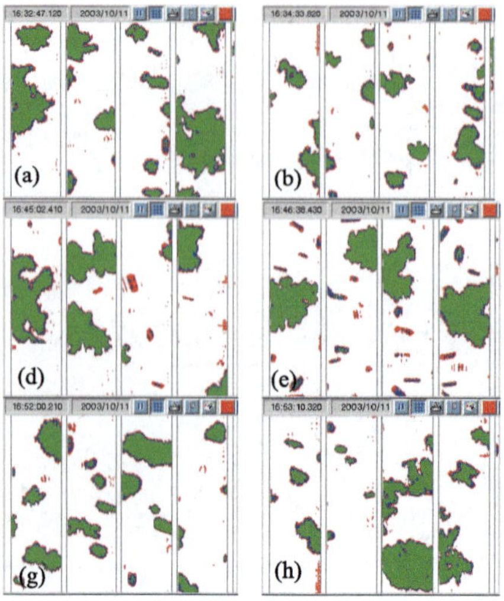

图 6.3　Sc 顶部不同时刻的 2DC 云粒子图像

测下限为 0.01 g·m^{-3}（Tessendorf et al.，2012），图 6.4 中给了 $LWC_{King} \geqslant 0.01$ g·m^{-3} 的资料。

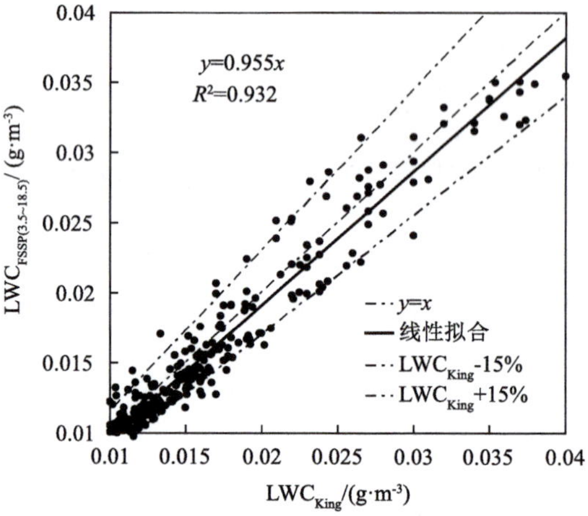

图 6.4　Sc 顶部液态含水量 LWC_{King} 与 $LWC_{FSSP(3.5\sim18.5)}$ 线性相关性

由图 6.4 可见，在 $LWC_{King}>0.01$ g·m^{-3} 的云区，$LWC_{FSSP(3.5\sim18.5)}$ 与 LWC_{King} 的线性相关的判定系数 $R^2=0.932$，通过 $\alpha=0.05$ 的显著性水平检验，表明 $LWC_{FSSP(3.5\sim18.5)}$ 与 LWC_{King} 有显著的线性相关性。且 $LWC_{FSSP(3.5\sim18.5)}$ 与 LWC_{King} 线性拟合线斜率接近于 1，表明 $LWC_{FSSP(3.5\sim18.5)}$ 与 LWC_{King} 有显著的对称相关性。在 0.01 g·m^{-3} 以上，$LWC_{FSSP(3.5\sim18.5)}$ 值绝大部分在 $LWC_{King}\pm15\%$（仪器相对误差）范围内。

而在 0.01 g·m^{-3} 以下，可能是受 King 探头的探测精度所致，$LWC_{FSSP(3.5\sim18.5)}$ 与 $LWC_{King}\pm15\%$的差异较大（图略）。同时，由图 6.2b、c 可见，在 $LWC_{King}<0.01$ g·m^{-3} 的云区，各 D_i 间的 $n(D_i)$ 差异相对较小，且 3.5 μm$\leqslant D_i \leqslant$18.5 μm 测量通道内云粒子的分布有一定的不连续性。因此，$LWC_{King}<0.01$ g·m^{-3} 的云区 FSSP 量程内云粒子的相态存在着不

确定性。

以上分析表明，在 Sc 顶部 FSSP 量程内液态云粒子集中分布在 3.5 μm$\leqslant D_i \leqslant$18.5 μm 的尺寸范围内，而 21.5 μm$\leqslant D_i \leqslant$45.5 μm 的云粒子基本上为冰晶。

结合 2DC 量程内 $D>$50 μm 的云粒子相态的判定可见，Sc 顶部液态云粒子和冰相(或固态)云粒子的尺寸分布范围在催化作业前后没有变化。

6.4　作业前后 FSSP 量程内液态云粒子和冰晶浓度的变化

Hobbs 将云中直径大于 2 μm 粒子的总浓度超过 10 cm^{-3} 时看作是云水区(游来光，1994；张瑜 等，2012)。本研究发现 Sc 顶部 N_1 超过 10 cm^{-3} 以上时有液态含水量高值区出现，结合三江源地区混合态云中 FSSP 浓度、瞬时谱和 LWC_{King} 的变化特点，本研究将 LWC_{FSSP} 和 LWC_{King}(记为 LWC)均大于 0.01 g·m^{-3} 的区域称为高过冷水区，将 0.01 g·$m^{-3}>LWC\geqslant10^{-4}$ g·m^{-3} 的云区称为低过冷水区。

作业前(B1—D1 和 F1—H1)和作业后(F2—J)的探测区间都以高过冷水区为主(图 6.2)，因此，根据上述 FSSP 量程内云粒子相态的判断结果，FSSP 量程内液态云粒子浓度(N_{1w})和冰晶浓度(N_{1i})可以分别由 3.5 μm$\leqslant D_i \leqslant$18.5 μm、21.5 μm$\leqslant D_i \leqslant$45.5 μm 测量通道内云粒子的数浓度表示。由式(2.1)分别估算 N_{1w}、N_{1i}，即：

$$N_{1w} \approx \sum_{i=1}^{6} n(D_i)\Delta D_i \tag{6.1}$$

$$N_{1i} \approx \sum_{i=7}^{15} n(D_i)\Delta D_i \tag{6.2}$$

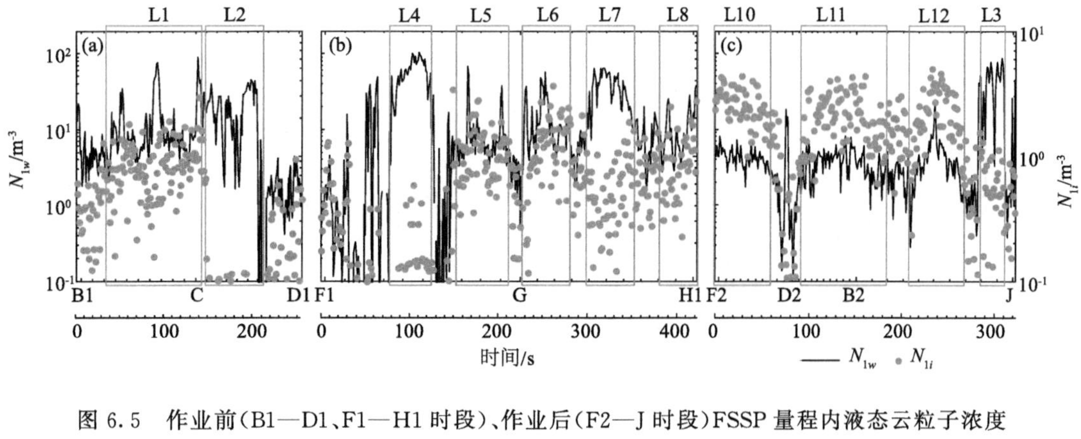

图 6.5　作业前(B1—D1、F1—H1 时段)、作业后(F2—J 时段)FSSP 量程内液态云粒子浓度(N_{1w})和冰晶浓度(N_{1i})随时间的变化图 (L1～L2、L4～L8、L10～L13 等高过冷水区见图 6.2)
(a)B1—D1，(b)F1—H1 时段，(c)F2—J 时段

图 6.5 给出了作业前(B1—D1 和 F1—H1)、后(F2—J) N_{1w} 和 N_{1i} 随时间的变化图。可见，作业后(F2—J)L10、L11 和 L12 高过冷水区的 N_{1w} 比作业前(B1—D1 和 F1—H1)高过冷水区(L1～L2，L4～L8)的 N_{1w} 明显减少，而 N_{1i} 明显增大。这也是作业前后 FSSP 所

测浓度(N_1)、直径(D_{m1})等微物理量没有明显变化的原因。作业前各高过冷水区 N_{1w} 的峰值基本上接近于 10^2 cm^{-3} 数量级,作业后 L10、L11 和 L12 高过冷水区的 N_{1w} 都已集中在 1 cm^{-3} 以下,相差接近 1 个数量级。作业前高过冷水区的 N_{1i} 零散分布在 0.1～2 cm^{-3},作业后 L10、L10 和 L12 区的 N_{1i} 已集中分布在 1～6 cm^{-3},增加趋势明显,且作业后已无类似 L2 和 L4 区等冰晶粒子,几乎不存在或很少的过冷水区。接近 J 点处的 L13 高过冷水区未出现类似变化,这可能与 J 点附近处于催化影响区域边缘(图 6.1)有关。作业前后低过冷水区的 N_{1w} 和 N_{1i} 无明显变化。

6.5 作业前后的云粒子谱变化

6.5.1 作业前后高过冷水区和低过冷水区云粒子平均谱分布的演变

作业前后云粒子谱的演变状况是表征催化有无效果的直接证据(王谦 等,1987;陈万奎 等,1992;王以琳和雷恒池,2003;金德镇 等,2007)。由 FSSP 瞬时谱(图 6.2c)可见,在作业前,高过冷水量区云粒子数浓度分布函数 $n(D_i)$ 的高值区集中于较小的 D_i 范围内,作业后高值区有所上移,低过冷水量区的 $n(D_i)$ 无类似现象。分别统计作业前(B1—D1 和 F1—H1)高过冷水区、低过冷水区的云粒子平均谱分布,与作业后(F2—J)平均谱分布相比较,由图 6.6 给出,以考察在不同过冷水含量的云区作业后,在其下风方的催化响应。统计样本为:B1—D1 和 F1—H1 段 LWC≥0.03 g·m^{-3} 高过冷水区共 16 组;LWC≥0.02 g·m^{-3} 区共 58 组;LWC≥0.01 g·m^{-3} 区共 271 组;0.01 g·m^{-3}>LWC≥10^{-4} g·m^{-3} 低过冷水区共 372 组,F2—J 时段云区统计样本为 323 组。

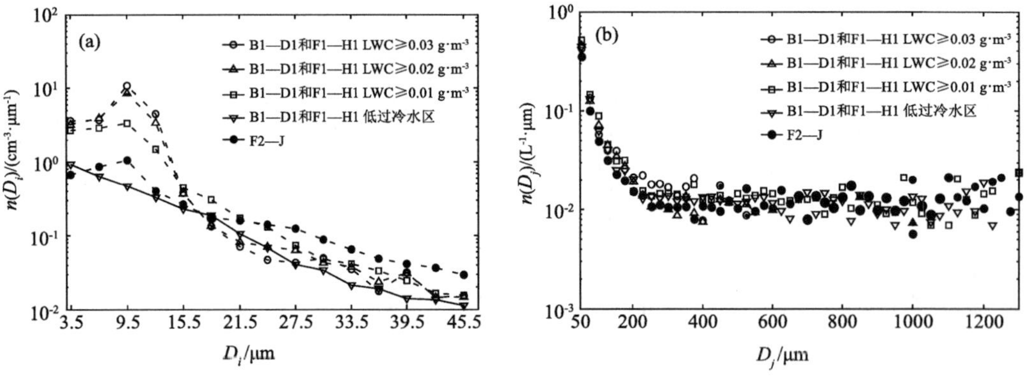

图 6.6 作业前(B1—D1 和 F1—H1)不同高过冷水区和低过冷水区与作业后(F2—J)平均云粒子谱分布
(a)FSSP,(b)2DC(D>50 μm)

由图 6.6a 可见,作业前后高过冷水区的 FSSP 云粒子平均谱分布差异明显。作业前过冷水含量大于 0.03 g·m^{-3} 的高过冷水区的谱型基本上为单峰型 Γ 分布,峰值都在 D_i=9.5 μm 处,并随着过冷水含量的增大峰值上移。而作业后的平均谱谱形较扁平。这三条高过冷水区的谱线在 18.5～21.5 μm 处与回穿段谱线相交,且交点左、右侧的 $n(D_i)$ 差异明显。作业前低过冷水区与作业后 FSSP 云粒子平均谱分布无明显差异。

由图 6.6b 可见，在 2DC 的 $D>50\ \mu m$ 粒径范围内，作业前高过冷水区、低过冷水区的粒子平均谱分布与作业后的平均谱均无明显差异，未超过作业前云区内的自然起伏。

以上分析表明，一方面，与 6.4 节分析结果一致，在高过冷水区催化作业后，在其下风方影响区内可观测到液态云粒子（$3.5\ \mu m \leqslant D_i \leqslant 18.5\ \mu m$）浓度明显减少，并使较小尺寸冰晶（$21.5\ \mu m \leqslant D_i \leqslant 45.5\ \mu m$）的浓度明显增加。而在低过冷水区催化作业后，在其下风方未出现类似的微物理响应。另一方面，过冷水含量越高的区域，其催化效应也越明显。同时也表明，该作业区过冷水含量主要是由 $D_i=9.5\ \mu m$ 云粒子的浓度决定。

6.5.2　航迹交叉点 H1 和 H2 处作业前后的云粒子谱分布

航迹交叉点 H1 与 H2 的时间间隔（Δt）仅为 131 s，且 H1、H2 点均处于高过冷水区，H2 仅可能受其原点位置处（H1）催化扩散的影响（图 6.1a）。探测飞机的飞行速度要高于该作业层水平风速 1 个数量级，在此时间间隔内，基本上可以不考虑云的移动。比较该点处作业前、后的云粒子谱变化，由图 6.7 给出，以考察在原点处的催化响应。因 GPS 数据显示频率为 5 s^{-1}，而 PMS 采样频率为 1 s^{-1}，所以航迹交叉点 PMS 云粒子谱以 GPS 显示时间为中心取 5 个观测样本的平均值。

由图 6.7 可见，H1 与 H2 点的 FSSP、2DC 粒子谱分布均无明显变化，未出现类似 6.5.1 节高过冷水区的催化响应。由此也可以说明，在水平风速较大的风场环境中，仅靠催化剂的原点扩散不可能出现催化响应。

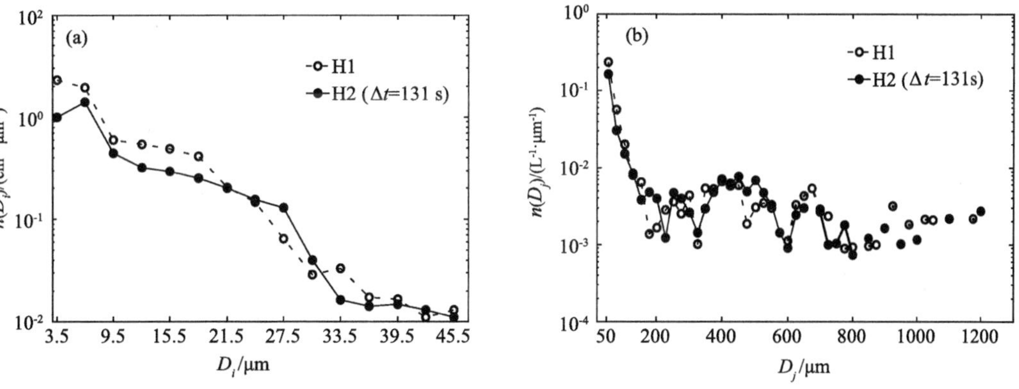

图 6.7　航迹交叉点 H1 与 H2 的 FSSP(a)、2DC($D>50\ \mu m$)(b)云粒子谱分布图

6.6　作业前后高过冷水区过冷水含量比率的变化

过冷水含量比率 f_l（fraction of liquid water）为混合态云中过冷水含量 LWC 占总含水量 TWC（Total Water Content）的比率，即 f_l=LWC/TWC（McFarquhar et al.，2007）。TWC 可以表示为液态含水量 LWC 和冰相含水量 IWC 之和。

以式（2.5）计算 IWC。由 6.2 及 6.3 节的分析发现三江源地区秋季层积云的微物理特征与美国阿拉斯加地区秋季低层混合态层积云(McFarquhar et al.,2007)较为接近,但其经验回归系数 $a=1.07\times10^{-10}\,\mathrm{g}\cdot\mu\mathrm{m}^{-1.7}$、$b=1.7$ 仅适用于 $D>125\ \mu$m($D_j\geqslant129.12\ \mu$m,$j\geqslant5$)的冰相粒子。对于 53 μm$<D<$125 μm(54.88 μm$\leqslant D_j\leqslant$104.38 μm;$j=2,\cdots,4$)范围内的非球形冰晶粒子,其经验回归系数采用与本研究谱型相同、$n(D_j)$较为接近且同为冰相的、游来光等(1989)在新疆冬季层状云中取得的经验回归系数:$a=0.04$、$b=3$(未进行单位换算)。而对于 FSSP 所测的 21.5 μm$\leqslant D_i\leqslant$45.5 μm 范围内($i=7,\cdots,15$)冰晶粒子,假定为球形冰晶粒子计算。则 IWC 可表示为:

$$\mathrm{IWC}=\frac{\pi}{6}\times10^{-6}\rho_i\sum_{i=7}^{15}D_i^3n(D_i)\Delta D_i+\sum_{j=2}^{4}0.04\times10^{-9}D_j^3n(D_j)\Delta D_j$$
$$+\sum_{j=5}^{m}0.107\times10^{-9}D_j^{1.7}n(D_j)\Delta D_j=\sum_{k=1}^{60}\mathrm{IWC}_k \tag{6.3}$$

其中,D_j 单位为 μm,IWC 单位为 $\mathrm{g}\cdot\mathrm{m}^{-3}$,$\rho_i$ 为冰相水密度(单位:$\mathrm{g}\cdot\mathrm{m}^{-3}$),用 IWC_k($k=1,\cdots,60$)表示 FSSP 和 2DC 所测中值直径 $D_i=21.5\ \mu$m 至 $D_j=1300\ \mu$m 测量通道内的 IWC。由式(4.2)计算 f_1。

图 6.8 给出了作业前(B1—D1、F1—H1 段)与作业后(F2—J)IWC_k、IWC、TWC 及 f_1 随时间的变化图。因在低过冷水区 FSSP 量程内的云粒子相态有一定的不确定性,图 6.8 中只给出了高过冷水区的 f_1 值。

由图 6.8a1、a2 和 a3 可见,由于 $D\geqslant129.12\ \mu$m 粒子的 $n(D_j)$差异不明显(图 6.2e),中值直径较大的冰相粒子(约 $D_j\geqslant400\ \mu$m)比较小的冰相粒子(129.12～400 μm)的 IWC_k 有所增大;而 $D_j\geqslant129.12\ \mu$m 粒子的 $n(D_j)$与 129.12 μm$>D_j\geqslant$54.88 μm 段粒子的 $n(D_j)$差异明显,

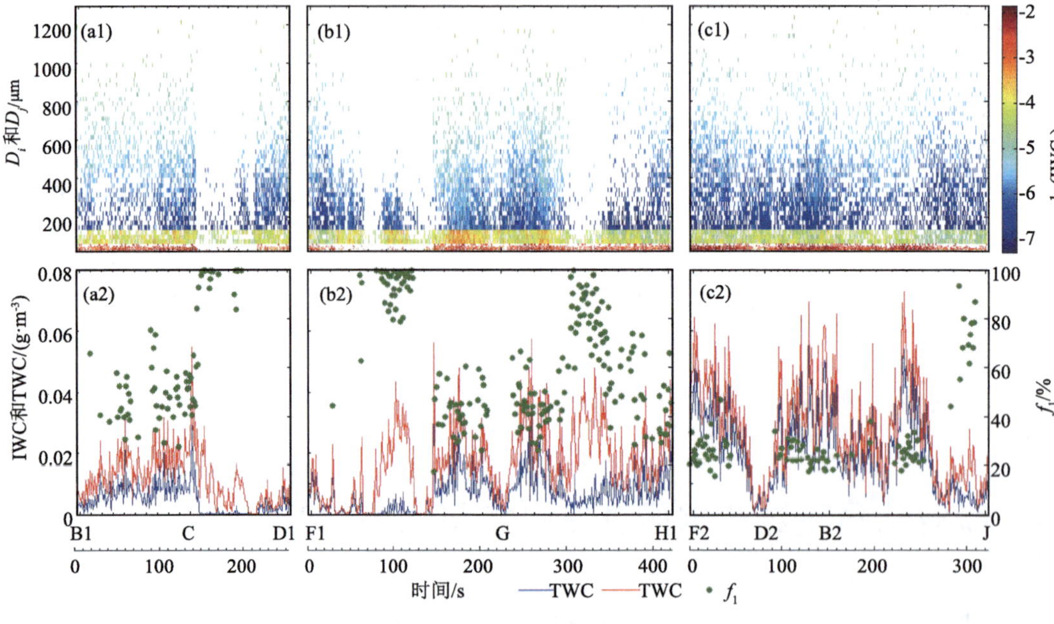

图 6.8　作业前 B1—D1 时段的云粒子冰相含水量谱 IWC_k(a1)、冰相含水量 IWC、总含水量 TWC、高过冷水区过冷水含量比率 f_1 随时间的变化图(a2)((b1)—(b2)同(a1)—(a2),但为作业前 F1—H1 时段;(c1)—(c2)为作业后 F2—J 时段)

使 129.12 μm>D_j≥54.88 μm 云粒子的 IWC_k 明显大于 D_j≥129.12 μm 的 IWC_k；由于 21.5～45.5 μm 云粒子浓度较 D_j≥54.88 μm 段高 1 个量级以上和冰晶粒子形状的差异，该中值直径段云粒子的冰相含水量 $IWC_{(21.5\sim45.5)}$ 较 $IWC_{(>50)}$ 要高 1 个量级以上。因此，IWC 主要由 21.5～45.5 μm 的云粒子浓度决定。

因作业前、后 D_j≥54.88 μm 粒子 IWC_k 的水平分布未出现明显变化，IWC 在作业前、后的变化主要由 21.5～45.5 μm 尺寸的冰晶云粒子浓度的变化决定。

将图 6.8a2、b2 与图 6.8c2 相比较，可见作业后高过冷水区的 IWC 较作业前明显增加，相应 TWC 增大，f_1 减小。分别统计高过冷水的 f_1 平均值，则 B1—D1 和 F1—H1 段(样本共 271 个)f_1 的平均值及标准差(σ)为 68.3%±23.1%，F2—J 段(样本 101 个)为 34.2%±12.4%。

6.7　本章小结

利用三江源地区一次在层积云顶部进行飞机锯齿型平飞作业及回穿探测试验的 GPS 航迹资料和 PMS 资料，以环境风场对飞机播撒线源的水平输送分析作业对回穿探测线的有效影响区间，由此确定作业前后的对比区间，在区分云粒子相态的基础上，通过分析作业前后液态云粒子及冰晶浓度变化、云粒子瞬时谱的变化、平均谱的演变和过冷水含量比率的变化，研究了作业后 2～23 min、播撒航线下风方 36 km 水平范围内催化的微物理响应。得出主要结论如下。

本研究根据 2DC 图像和灰度投影资料判定 2DC 量程内粒径大于 50 μm 云粒子的相态，并主要以综合 FSSP 云粒子瞬时谱、FSSP 所测一定尺度云粒子含水量计算值与 King 探头过冷水含量实测值的对称相关性的方法，判别 FSSP 量程内云粒子的相态。判别结果认为：三江源地区秋季层积云顶部液态云粒子集中分布在中值直径 3.5 μm≤D_i≤18.5 μm 范围内，21.5 μm≤D_i≤45.5 μm 的云粒子基本上为冰晶，粒径大于 50 μm 的粒子为冰相粒子。

观测发现，作业前后 FSSP 和 2DC 的云粒子浓度、直径等微物理量的变化均未超出其自然起伏。但是，作业后高过冷水区(LWC≥0.01 g·m^{-3})的液态云粒子浓度明显减少，较小尺寸冰晶(21.5 μm≤D_i≤45.5 μm)的浓度明显增加；作业前后 FSSP 云粒子平均谱分布差异明显，过冷水含量越高的区域，其催化效应也越明显，而低过冷水区和仅受原点催化影响的航迹交叉点均未出现类似的微物理响应；作业后高过冷水区液态过冷水含量减少，而冰相含水量和总含水量明显增加，高过冷水区过冷水含量比率(过冷水含量占总含水量的比率)平均值由作业前的 68.3%±23.1%减小至作业后的 34.2%±12.4%。

由以上结论，可以将 LWC(LWC_{FSSP} 和 LWC_{King})≥0.01 g·m^{-3} 作为三江源地区秋季层状云人工增雨作业的定量化指标之一。

需要注意的是，本研究提出的判别 FSSP 量程内云粒子相态的方法仅适用于液态云粒子粒径小于 47 μm 的混合态云，且在过冷水含量小于 0.01 g·m^{-3} 云区存在一定的不确定性。其判定结果有待更多观测的检验。

本次试验，因作业后回穿探测的区域较小、时间较短，且在探测结束约 40 min 后出现降水，所以观测存在一定的空白期。对 AgI 催化"物理事件链"中如冰晶粒子的增长、降水形成等其他环节的物理检验，需要在合理设计探测方案、确定有效影响区的基础上，进行进一步的观测及数值模拟研究。

参考文献

陈万奎，严采蘩，吴心遂，等，1992. 碘化银消除过冷低云试验结果[J]. 应用气象学报，3(1)：59-66.

戴进，余兴，ROSENFELD D，等，2006. 一次过冷层状云催化云迹微物理特征的卫星遥感分析[J]. 气象学报，64(5)：622-630.

郭学良，付丹红，胡朝霞，2013. 云降水物理与人工影响天气研究进(2008-2012 年)[J]. 大气科学，37(2)：351-363.

胡志晋，2001. 层状云人工增雨机制，条件和方法的探讨[J]. 应用气象学报，12(增刊)：10-13.

黄美元，沈志来，洪延超，2003. 半个世纪的云雾、降水和人工影响天气研究进展[J]. 大气科学，27(4)：536-551.

金德镇，雷恒池，郑娇恒，等，2007. 液态 CO_2 人工引晶后云微物理和降水变化的观测分析[J]. 大气科学，31 (1)：99-108.

刘诗军，胡志晋，游来光，2005. 碘化银核化过程的数值模拟研究[J]. 气象学报，63(1)：30-40.

王谦，游来光，胡志晋，1987，新疆乌鲁木齐地区冬季层积云研究—个例的观测结果与分析[J]. 气象学报，45 (1)：2-12.

王以琳，雷恒池，2003. 冷云飞机人工引晶检验[J]. 大气科学，27(5)：929-938.

游来光，1994. 利用粒子测量系统研究云物理过程和人工增雨条件[C]//游景炎，段英，游来光．云降水物理和人工增雨技术研究．北京：气象出版社，236-249.

余兴，王晓玲，戴进，等，2002. 过冷层状云中飞机播云有效区域的模拟研究[J]. 气象学报，60(2)：205-213.

余兴，徐小红，戴进，2007. 过冷层状云 AgI 播云效应区的 NOAA 卫星反演分析与数值模拟[J]. 自然科学进展，17(2)：225-232.

张瑜，银燕，石立新，等，2012. 2007 年秋季河北地区云微物理结构的飞机探测分析[J]. 高原气象，31(2)：530-537.

DEMOTT P J，1995. Quantitafive descriptions of ice formation mechanisms of silver iodide-type aerosols[J]. Atmos Res，38：63-99.

MCFARQUHAR G M，ZHANG G，POELLOT M R，et al，2007. Ice properties of single-layer stratocumulus during the Mixed-Phase Arctic Cloud Experiment：Ⅰ. Observations[J]. J Geophys Res，112：D24201.

ROSENFELD D，YU X，DAI J，2005. Satellite-retrieved microstructure of AgI seeding tracks in supercooled layer clouds[J]. J Appl Meteor，44(6)：760-767.

RYAN B F，KING W D，1997. A critical review of the Australian experience in cloud seeding[J]. Bull Amer Meteor Soc，78：239-354.

TESSENDORF S A，BRUINTJES R T，WEEKS C，et al，2012. The Queensland cloud seeding research program[J]. Bull Amer Meteor Soc，93(1)：75-90.

第 7 章　总结与展望

本研究主要利用三江源地区飞机探测试验期间的 PMS 资料，针对该地区秋季多层层状云系，分析其垂直、水平微物理结构特征及地区特性，并在研究新方法，判别各高度层云粒子相态，有效区分云中过冷水的基础上，研究其微物理特性。通过飞机播撒 AgI 焰剂水平输送的分析，确定作业前后有效对比区间，研究了层积云飞机人工增雨催化试验的微物理响应。主要结论、存在问题和展望如下。

7.1　主要结论

(1)三江源地区秋季多层层状云系(Cs—As—Sc)的垂直结构特征表现为：云系分为 4 层，云层之间均有干层存在，云层均较薄。整个云系在 0 ℃层以上，无逆温。其中，Cs 和上层 As 为冰云，下层 As 和 Sc 为冰水共存的混合态云，过冷水含量较丰富。下层 As 中有对流泡存在。对其垂直微物理特征的分析发现，云粒子浓度和过冷水含量在下层 As 底部最大。粒径 $D>50\ \mu m$ 云粒子的浓度平均值由最顶层的 Cs 向下依次递减，直径平均值依次递增，云粒子尺寸及谱宽在最底层的 Sc 中最大。与中国北方其他地区类似云层的比较结果表明，As 和 Sc 的云粒子浓度均偏大，As 的液态含水量计算值 LWC_{FSSP} 偏高，Sc 云粒子谱宽偏宽，具有较为明显的地区特征。

(2)对层积云和下层高层云等混合态云各高度层水平微物理特征的分析发现，混合态云中，FSSP 所测的云粒子浓度对数值与直径有着明显的反相关性，高浓度区对应高含水量区；高过冷水区和低过冷水区的云粒子谱分布差异明显，其中层积云高过冷水区存在比较明显的淞附增长现象。

(3)根据 2DC 图像和灰度投影资料判定了混合态云中 2DC 量程内粒径 $D>50\ \mu m$ 云粒子的相态；综合 FSSP 云粒子瞬时谱、FSSP 所测一定尺度云粒子含水量值与 King 探头过冷水含量实测值的对称相关性，区分了混合态云中 FSSP 量程内云粒子的相态。结果认为：层积云中中值直径 $D_i=3.5\sim18.5\ \mu m$ 的云粒子基本上为液态云滴，$D_i\geqslant21.5\ \mu m$ 以上的基本上为冰相粒子；下层高层云云底和对流泡顶 $D_i=3.5\sim21.5\ \mu m$ 基本上为液态云滴，$D_i\geqslant24.5\ \mu m$ 以上的基本上为冰相粒子。Sc 中局部高过冷水区无冰相粒子存在，在 Sc 的混合相高过冷水区，过冷水含量比率 f_1 的平均值及标准差为 69.9%±19.4%，最小值为 29.2%，且 f_1 与过冷水含量存在一定的关联性；在下层 As 云底的高过冷水区，f_1 没有明显的变化，平均值及标准差为 89.2%±8.1%，最小值为 72.3%。Sc、下层 As 云底、对流泡顶高过冷水区云滴有效半径 r_{ew} 依次有所增大，其平均值及标准差分别为 $4.5\pm0.6\ \mu m$、$5.4\pm0.2\ \mu m$、$6.6\pm0.4\ \mu m$。

(4)对秋季多层层状云系平均粒子谱分布特征分析发现，混合态云各高度层 FSSP 平均粒子谱分布的谱型均为单峰型 Γ 分布，混合态云和冰云 2DC 平均粒子谱基本上为负指数型分布，具有较为明显的地区特性。在冰云和下层 As 中，冰晶的增长可能仅限于凝华增长和冰晶之间的碰并增长，这种增长机制可能很难产生超过 400 μm 的大冰相粒子。下层 As 中，冰晶凝华增长所需的水汽不仅来自云内的冰水转化，而且还来自于上升气流输送的外来水汽的补充。较强的上升气流有利于云滴谱宽拓宽、浓度增大。

(5)利用三江源地区一次在层积云顶部进行飞机锯齿型平飞作业及回穿探测试验 GPS 航迹和 PMS 观测资料，由飞机播撒线源的水平输送分析，确定作业前后的对比区间。并在区分云粒子相态的基础上，通过分析作业前后液态云粒子及冰晶浓度变化、云粒子瞬时谱的变化、平均谱的演变和过冷水含量比率的变化，研究了作业后 2～23 min、播撒航线下风方 36 km 水平范围内催化的微物理响应。观测发现，作业前后 FSSP 和 2DC 的云粒子浓度、直径等微物理量的变化均未超出其自然起伏。但是，作业后高过冷水区（LWC$\geqslant$0.01 g·m^{-3}）的液态云粒子浓度明显减少，较小尺寸冰晶（21.5 μm$\leqslant D_i \leqslant$45.5 μm）的浓度明显增加；作业前后 FSSP 云粒子平均谱分布差异明显，过冷水含量越高的区域，其催化效应也越明显，而低过冷水区和仅受原点催化影响的航迹交叉点均未出现类似的微物理响应；作业后高过冷水区液态过冷水含量减少，而冰相含水量和总含水量明显增加，高过冷水区过冷水含量比率（过冷水含量占总含水量的比率）平均值由作业前的 68.3%±23.1%减小至作业后的 34.2%±12.4%。

由以上结论，可以将 LWC(LWC_{FSSP} 和 LWC_{King})$\geqslant$0.01 g·m^{-3} 作为三江源地区秋季层状云人工增雨作业的定量化指标之一。

7.2 存在的问题和展望

(1)飞机观测是云探测的重要手段，但受高原飞行条件的限制，本研究所能采用的飞机观测资料较为有限。对该地区降水性云系微物理特性的研究，尚需更多对云系进行细致飞机观测资料的积累，尤其是对云系中具有代表性的部位或层次进行高密度飞行观测的资料。

(2)需要注意的是，本研究提出的判别 FSSP 量程内云粒子相态的方法仅适用于液态云粒子粒径小于 47 μm 的混合态云，且在过冷水含量小于 0.01 g·m^{-3} 云区存在一定的不确定性。其判定结果有待更多观测的检验，该方法也需随着资料的不断积累和进一步的分析研究，以验证其适用性。

(3)本研究所分析的催化作业和回穿探测试验个例，因作业后回穿探测的区域较小、时间较短，且在探测结束约 40 min 后出现降水，所以观测存在一定的空白期。对 AgI 催化"物理事件链"中如冰晶粒子的增长、降水形成等其他环节的物理检验，需要在合理设计探测方案、确定有效影响区的基础上，进行进一步的观测试验及数值模拟研究。